Was ist das Schlimmste daran, eine Frau in der modernen Arbeitswelt zu sein?

Wir haben drei Männer nach ihrer Meinung befragt.

WIE DU ERFOLGREICH WIRST, OHNE DIE GEFÜHLE VON MÄNNERN ZU VERLETZEN

In ihrem urkomischen Ratgeber, der irgendwo zwischen
bitterböser Satire und Alltagsrealität pendelt, zeigt Sarah
Cooper, wie Frauen alles erreichen können: ihre Träume
verwirklichen, in ihrer Karriere erfolgreich sein und eine
Führungsposition einnehmen – gleich wenn die Männer im Büro
damit fertig sind, ihnen die Welt zu erklären. Stimmt, manchmal
fühlt es sich echt so an, als würden sie nie damit fertig werden.
Deshalb gibt es hier auch ein paar leere Seiten, auf denen
gekritzelt werden kann, während du wartest. Schmerzhaft-
witzig illustriert, voller unglaublicher Wahrheiten und der
Antwort auf die Frage, wie man authentisch sein kann, während
man sein wahres Ich verbirgt: Du hältst das wahrscheinlich
wichtigste Buch für Frauen in der Arbeitswelt in deinen Händen.
Falls alle Strategien fehlschlagen, enthält dieses Buch drei
heraustrennbare Schnurrbärte. Die ermöglichen es Frauen,
wie ein Mann zu wirken, womit sich dann auch jede Notwendigkeit erübrigt, weniger bedrohlich sein zu müssen.

MENTOR
VERLAG

Psssst ... mach ein Foto vom Buch und verlinke unseren
Instagram-Kanal @mentorverlag – vielleicht hältst du ein paar
Tage später schon eines unserer anderen Bücher in der Hand!

WIE DU ERFOLGREICH WIRST, OHNE DIE GEFÜHLE VON MÄNNERN ZU VERLETZEN

DAS WAHRSCHEINLICH WICHTIGSTE BUCH FÜR FRAUEN IN DER ARBEITSWELT

Sarah Cooper

übersetzt von Anna Dushime

INHALTS

VERZEICHNIS

Beim Schreiben dieses Buches kamen keine Gefühle zu Schaden.

Als ich anfing, *Wie du erfolgreich wirst, ohne die Gefühle von Männern zu verletzen* zu schreiben, war meine größte Angst, dass mein Buch erfolgreich wird und die Gefühle von Männern verletzt. Das war schließlich das Allerletzte, was ich beabsichtigte.

Jeden Morgen stelle ich mir also dieselbe Frage: Wie kann ich nur?

Wie kann ich es nur wagen, nach beruflichen Chancen für mich zu suchen? Wie kann ich es wagen, etwas laut auszusprechen? Wie kann ich es wagen, Kenntnisse zu haben? Wie kann ich es wagen, einem Mann zu sagen, dass er falsch liegt? Und was fällt mir eigentlich ein, einem Mann zu sagen, dass er recht hat? Er ist ein Mann! Er weiß, dass er recht hat!

Wenn ich mich das alles jeden Tag aufs Neue frage, dann gibt mir das die Kraft, die ich brauche, um meine Träume und Hoffnungen ganz, ganz tief zu vergraben. So weit unten, dass man sie nur noch selten ganz schwach in meinen Augen schimmern sieht – z. B. wenn ich so wütend bin, dass es mir die Sprache verschlägt.

Gelegentlich ist dieser Schimmer ein bisschen zu hell. Das geht natürlich gar nicht. Es gibt schließlich etwas, das viel wichtiger ist als meine Träume und Hoffnungen: das Ego eines Mannes.

Das Ego eines Mannes muss um jeden Preis geschützt werden.

Ihr fragt euch jetzt sicherlich: Aber was ist, wenn ein Mann gerade dabei ist, einen Riesenfehler zu begehen? Einen tragischen Fehler, der ihn das Leben kosten könnte? Sollte ich mich da nicht einmischen?

Nein. Solltest du nicht.

Lasst uns mal die Geschichte von Maike als Beispiel nehmen: Eines Abends fuhr Maike mit ihrem Kollegen Stefan zu einem Team-Event ihrer Firma. Es war früher Abend und Stefan hatte vergessen, seine Vorderlichter anzumachen. Maike wies Stefan nett darauf hin, worauf er kurz lachte und, ohne zu zögern, die Lichter anschaltete. Maike war erleichtert, dass Stefan den Hinweis so sportlich nahm, und die beiden hatten am Ende sogar viel Spaß bei einem erwartungsgemäß absolut unnötigen Teambuilding-Event.

Die Heimfahrt war nicht so einfach.

Auf dem Rückweg beging Stefan den gleichen Fehler und vergaß wieder, seine Lichter anzumachen. Diesmal zögerte Maike, bevor sie ihn darauf hinwies, schließlich fuhren jetzt Kollegen mit im Auto. Nach ein paar Sekunden beschloss Maike dennoch, ihn zu korrigieren. Das war das Sicherste und Vernünftigste für alle Beteiligten. Bestimmt könnt ihr euch denken, was daraufhin geschah. Maike sagte Stefan, dass er seine Lichter anschalten solle. Die Kollegen auf dem Rücksitz machten sich über Stefans Fehler lustig, Stefan wurde nervös, es war ihm peinlich und augenblicklich wurde er blind vor Wut, weshalb er ein Stoppschild überfuhr und seitlich in einen SUV crashte. Gott sei Dank überlebten alle. Leider machten sie Maike für den Unfall verantwortlich.

Die Kollegen spotteten, sie habe versucht, Stefan das Autofahren beizubringen. Maike wollte sich verteidigen, indem sie darauf bestand, das Richtige getan zu haben.

Aber Maike hat nicht das Richtige getan. Sie hat sogar so ziemlich das Falscheste getan, was man nur tun konnte.

Wenn du die Wahl hast, entweder das Ego eines Mannes oder sein Leben zu retten – glaub mir: Rette sein Ego. Er wird es dir später danken. Naja, also wird er nicht, weil er dann tot ist, aber du weißt schon, was ich meine.

Wenn ein Männerego verletzt wird, ist das für Männer genauso schmerzhaft wie der Tod. Das Ding ist: Mal zu vergessen, die Autolichter anzuschalten, ist ein ziemlich harmloses Beispiel im Vergleich zu den richtig fatalen Fehlern, die bei der Arbeit passieren können. So was wie ein falsches Datum auf einer Präsentation, eine fehlende Null in einer Kalkulation, eine falsche Prognose bezüglich der Produktlinie des Unternehmens oder Sex mit der Praktikantin, was dem Unternehmen Millionen an Gerichtskosten verursachen wird.

Als Frau ist man in diesem Moment vielleicht versucht, etwas zu sagen wie: „Entschuldige, du hast hier einen kleinen Fehler gemacht." SAG DAS NICHT. Als perfekt angepasste Frauen müssen wir diesem Impuls widerstehen. Denn damit ist niemandem geholfen und am allerwenigsten uns selbst.

Leider reicht es nicht aus, nicht mehr auf Fehler hinzuweisen. Nein. Es geht im Beruf darum, jeglichen Ausdruck deiner Anwesenheit im Zaum zu halten. Ehrgeizig sein, Macht anstreben, dein Wissen zeigen – das ist alles saugefährlich, wenn du es zu etwas bringen willst.

Als Frau in der Arbeitswelt habe ich viele Frauen dabei beobachtet, wie sie immer wieder die gleichen Fehler machen. Ihren Arbeitskollegen* erzählen, dass sie befördert werden wollen. Den Vorgesetzten um eine Gehaltserhöhung bitten. Ihre Arbeit sichtbar machen, Meetings leiten, in Meetings sprechen, während des Meetings andere ansehen sowie in Meetings atmen – alles bedrohlich.

Ich musste also dringend dieses Buch schreiben, um frustrierten Frauen zu helfen, die sich in ihrem Job wirklich Mühe geben. Viele dieser Tipps habe ich aus meiner Arbeitserfahrung in der männlich dominierten Tech-Welt. Zwischendurch habe ich zwar auch versagt und war zu bedrohlich, aber die meiste Zeit habe ich mich an diese Regeln gehalten und ohne sie wäre ich nicht da, wo ich jetzt bin. Glaube ich jedenfalls.

Wie du erfolgreich wirst, ohne die Gefühle von Männern zu verletzen ist also die Karriere- und Führungsbibel für jede Frau, die im Beruf ernst genommen werden will, ohne dabei auf Männer bedrohlich zu wirken. Und mit „ernst genommen" meine ich das exakte Gegenteil. Schließlich

---

* Hier hätte man sehr gut gendern können. Aber warum sollte ich? Das hätte ein Mann schließlich auch nicht gemacht.

sollten wir genau das anstreben: nicht ernst genommen zu werden. Und mit „anstreben" meine ich selbstverständlich „akzeptieren".

In diesem Buch wirst du lernen, wie du deinen Traumjob ergatterst, indem du sehr kleine Brötchen bzw. Träume backst. Außerdem: Wie du dich am besten bei Belästigung verhältst, ohne deinen Belästiger und seinen Job in Gefahr zu bringen. Du findest in diesem Buch auch jede Menge Platz für Kritzeleien, damit du was zu tun hast, während die Männer im Büro dir mal wieder die Welt erklären und du geduldig abwarten musst, bis sie endlich fertig sind.

Jedes Kapitel enthält eine Übung, bei der du dich anstrengen musst, weniger anstrengend zu sein. Ich nenne sie liebevoll „Halt-die-Füße-still-Empfehlungen".

Manchmal ist nichts tun das Beste, was wir tun können.

Also, Ladys: Rüstet euch mit dem Wissen dieses Buches. Lernt unauffällig zu sein und euch zu verstecken. (Nein, ihr müsst natürlich nicht alles verstecken, nur eure weiblichen Anteile und/oder die, durch die ihr einer Minderheit angehört.)

Erklimmt die Karriereleiter und zerstört die gläserne Decke, aber geht dabei bitte leise und behutsam vor. Und macht es vor allem so, dass ein Mann glaubt, er hätte es für euch getan.

Stillstand wird dich sehr viel weiterbringen, als du dir jemals erträumt hast. Natürlich nur, wenn du ohnehin nicht weit gehen wolltest.

DAS
Verführerischste,
WAS EINE
FRAU
haben kann, ist
Selbstvertrauen.*

(ABER NICHT ZU VIEL NATÜRLICH.)

*Beyoncé

Wie du dein Bewerbungsgespräch rockst, ohne zu übertreiben.

In der wettbewerbsorientierten Arbeitswelt von heute müssen Frauen strikt darauf achten, wie sie wirken: Wir müssen freundlich sein, aber nicht zu sehr. Herausragend, aber nicht zu krass. Und wir müssen uns in der Haut, in der wir stecken, wohlfühlen. Natürlich ohne dabei anzuecken.

Manchmal scheint es unmöglich, all diese Regeln gleichzeitig zu befolgen. Der Grund ist ganz einfach: weil es unmöglich ist.

Hier sind ein paar Regeln, die du im Hinterkopf haben solltest, wenn du in deinem nächsten Bewerbungsgespräch richtig abliefern willst.

S. Cooper

Gender-neutralisiere deinen Lebenslauf

Stelle sicher, dass dein Lebenslauf nicht weiblich rüberkommt, indem du diese geschlechtsneutralisierenden Tipps befolgst:

1. Verwende Initialen anstelle deines vollständigen Namens

2. Vermeide Pronomen in deinem Anschreiben

3. Benutze männlich klingende E-Mail-Adressen wie stabilertyp23@web.de

4. Ersetze dein Profilbild mit dem Bild eines Animes

5. Benutze durchgehend Wörter wie Dealbreaker oder Gamechanger

6. Nutze in Aufzählungen statt Spiegelstrichen das männliche Gendersymbol

7. Verwende ausschließlich die Farbe Blau, um zu suggerieren, du seist farbenblind

8. Formuliere in unvollständigen Sätzen

9. Schreib: „Männliche Referenzen auf Anfrage verfügbar"

10. Spreche von Skillz statt Kompetenzen

11. Liste deine Lieblingswhiskys oder Craft Beer-Brauereien auf

12. Füge X-trem Sport zu deinen Hobbys hinzu

Wann du deinen Ehering tragen solltest

TELEFONINTERVIEW

PERSÖNLICHES GESPRÄCH

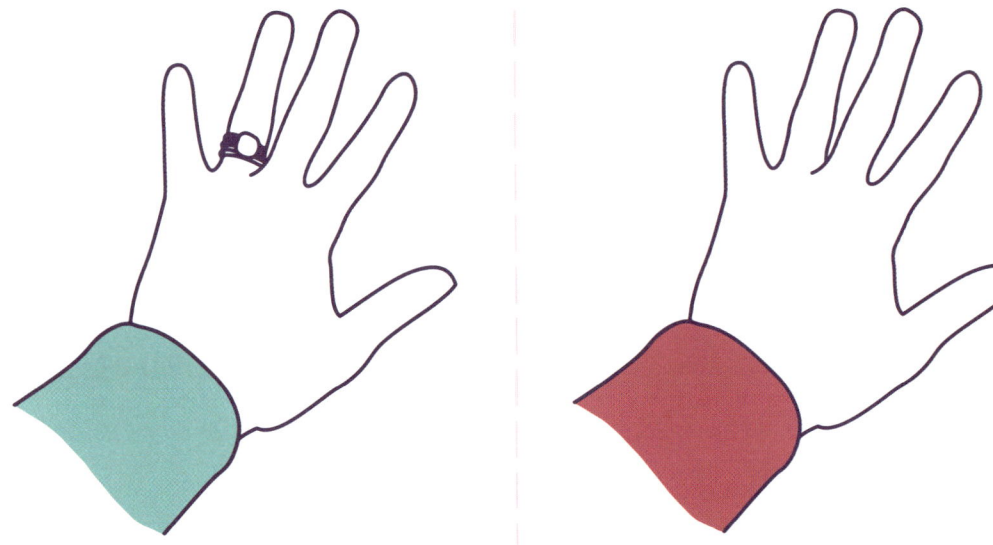

Du kannst deinen Ehering bei einem Bewerbungsgespräch am Telefon selbstverständlich anbehalten. Vor einem persönlichen Vorstellungsgespräch solltest du ihn allerdings abnehmen, um den Ich-hab-auf-keinen-Fall-vor-schwanger-zu-werden-Look zu erreichen. Falls du die Stelle bekommst, verschweige als Ehefrau unbedingt deinen Familienstand – mindestens bis zur ersten Beförderung.

Lächeln – ja, nein, vielleicht?

ZU FLIRTY   **ZU ZICKIG**

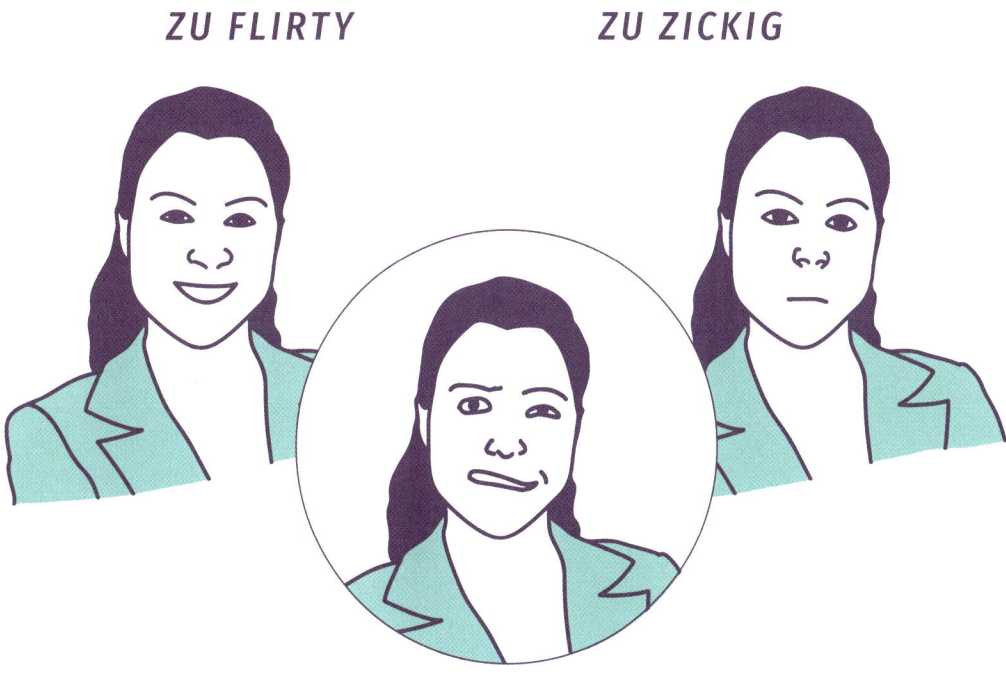

GENAU RICHTIG

Wie viel solltest du während eines Bewerbungsgesprächs lächeln?
Die Antwort lautet: nicht zu viel und nicht zu wenig. Probe es gerne vor
dem Spiegel. Wenn dein Lächeln in etwa so aussieht, als hättest du
gerade einen Schlaganfall, hast du alles richtig gemacht.

Frisuren, die du vermeiden solltest

Hier sind ein paar Frisuren, die du tunlichst vermeiden solltest,
wenn du einen guten ersten Eindruck hinterlassen willst.

ZU SEXY

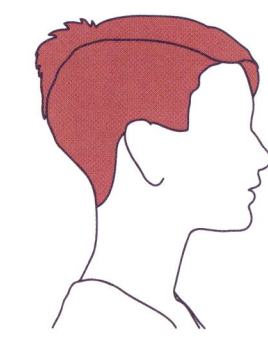

ZU VERWIRREND

ZU FAUL

ZU RELIGIÖS

ZU LANGWEILIG   ZU ALT

ZU SCHWARZ   VIIIIEL ZU SCHWARZ

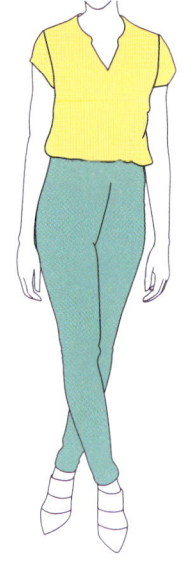

ZU LEGER

LENKT ZU SEHR AB

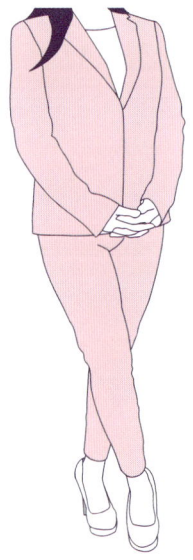

ZU SPIEßIG

PERFEKT

Was du nicht tragen solltest

Folgende Kleidungsstücke haben bei deinem Bewerbungsgespräch nichts verloren (wenn du den Job haben willst):

- Durchsichtige Blusen
- Blusen mit V-Ausschnitt
- Blusen mit Rundhalsausschnitt
- Blusen
- Eng anliegende Kleider
- Locker sitzende Kleider
- Kurze Röcke
- Kurze Hosen
- Jeans
- Kurze Jeanshosen
- Leggings
- Jeggings
- Winterparkas
- Blumenmuster
- Wenig schmeichelhafte Streifen oder Gepunktetes
- Knallige Farben
- Dezente Farben
- Sichtbare Tattoos
- Versteckte Tattoos
- Yogahosen
- Enge Hosen
- Overknee-Stiefel
- Kniestrümpfe
- Sandaletten
- Turnschuhe
- Kunstnägel mit Nail Art
- Aktivisten-Shirts
- Band-Shirts
- Pony
- Viele Accessoires
- Gar keine Accessoires
- Hüte
- Schals
- Krawatten
- Trägertops
- Pullis
- Rollkragenpullis
- Legere Hemden
- Anzugshemden

Stimmlautstärke

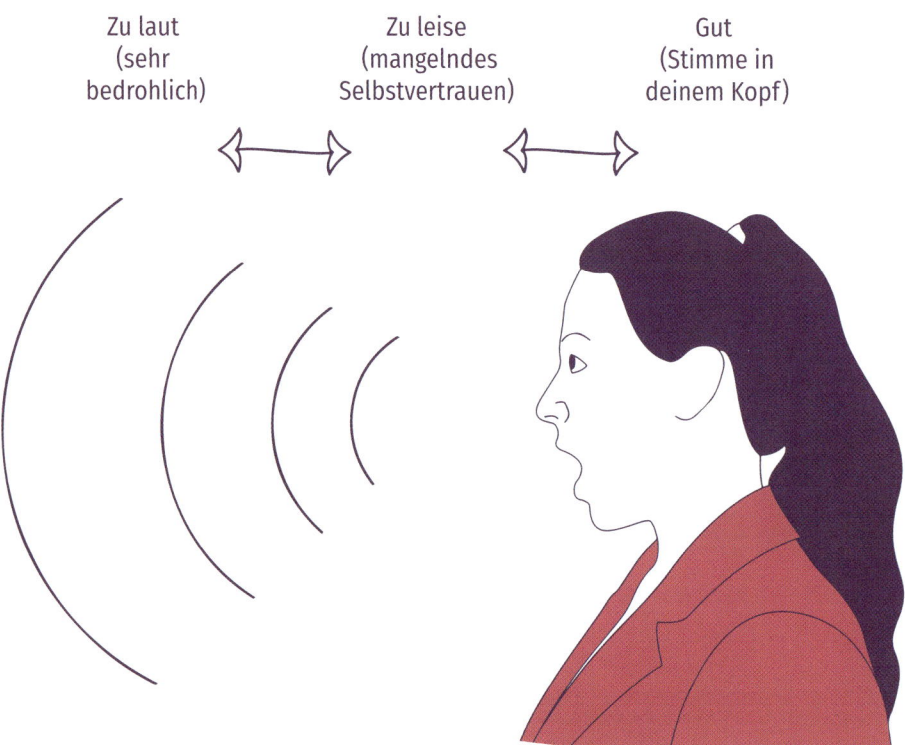

| Zu laut (sehr bedrohlich) | Zu leise (mangelndes Selbstvertrauen) | Gut (Stimme in deinem Kopf) |

Während deines Bewerbungsgesprächs ist es wichtig, leidenschaftlich zu sprechen, aber nicht so laut, dass du dein Gegenüber verschreckst. Ebenso ist es nicht empfehlenswert, zu leise zu sprechen. Du darfst aber jederzeit Selbstgespräche in deinem Kopf führen, vor allem, wenn du dich in den Selbstgesprächen ständig ermahnst, in deinem Bewerbungsgespräch bloß nicht zu viel zu sprechen.

Stimmlage

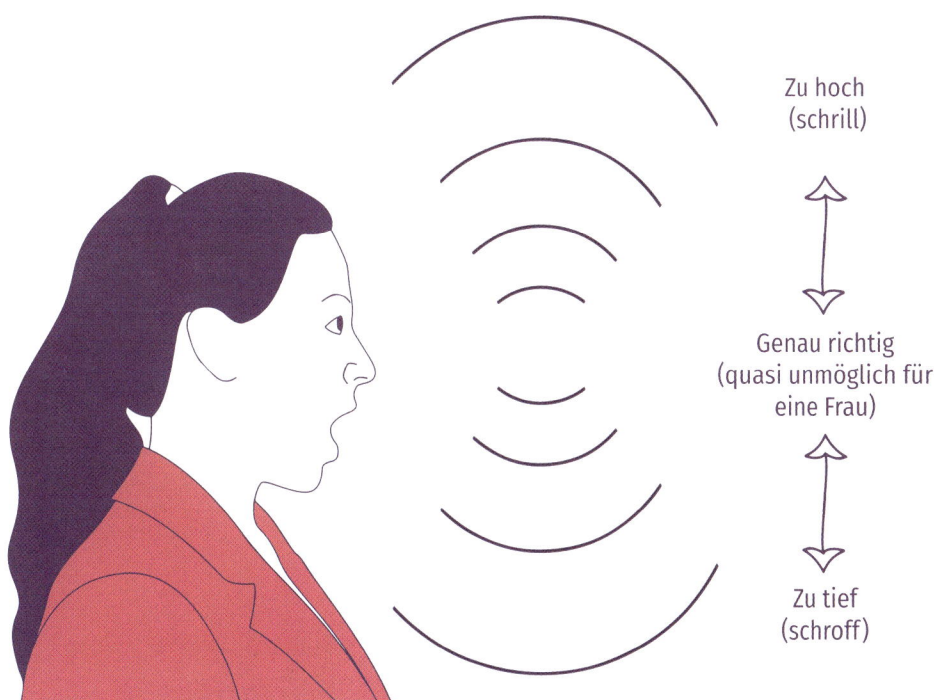

Zu hoch
(schrill)

Genau richtig
(quasi unmöglich für
eine Frau)

Zu tief
(schroff)

Die Stimmlage ist eine Baustelle für uns Frauen. Unsere natürliche
Sprechstimme ist entweder schrill und nervtötend oder zu tief und
damit nicht weiblich genug. Es erfordert ununterbrochener Übung, um
eine Tonlage hinzukriegen, die für Männerohren angenehm ist.
Es kann sein, dass wir unser Leben lang üben müssen, weil es diese
perfekte Tonlage (noch) gar nicht gibt.

Lorbeeren ernten

ARROGANT UNQUALIFIZIERT

Dieses Projekt war dank mir von Anfang bis Ende erfolgreich.

Das haben wir als Team ganz toll gemeistert.

Du musst aufpassen, wenn du über deine Erfolge sprichst, denn es ist ein schmaler Grat zwischen Selbstlob und selbstlos. Wenn du deine Leistungen nicht ins rechte Licht rückst, kommst du unqualifiziert rüber. Wenn du dich zu sehr feierst, wirkst du arrogant. Viel Erfolg dabei.

Verhandeln

EINSCHÜCHTERND

SCHÜCHTERN

Können wir über mein Gehalt sprechen?

Das Angebot klingt super. Nehme ich.

Nimm niemals einen Job an, ohne vorher dein Gehalt zu verhandeln. Beim Verhandeln musst du allerdings aufpassen, dass du nicht zu fordernd wirkst. Wenn du aber nicht verhandelst, denkt man von dir, dass du kein Selbstwertgefühl hast. Sprich offen mit deinem zukünftigen Arbeitgeber. Frag ihn (es ist wahrscheinlich ein Mann, machen wir uns nichts vor), was er in deiner Situation machen würde. Oder lass es lieber. Es ist sowieso eine Lose-lose-Situation.

Fazit

Wenn du auf Jobsuche bist, können meine widersprüchlichen Tipps extrem verwirrend sein, was häufig zu einem Gefühl der Ohnmacht führt. Du darfst dich aber nicht ohnmächtig fühlen, denn du bist eine starke und mächtige Frau, die ihre berufliche Entwicklung selbst in der Hand hat. Aber bitte nicht zu stark und mächtig rüberkommen, denn sonst stehst du unter Umständen am Ende mit leeren Händen da.

Lass einfach alles seinen ganz natürlichen Gang gehen. Ignoriere die Ratschläge, folge ihnen aber auch, und ganz besonders: Denke eigenständig! Es gilt, die perfekte Balance zu finden, die es gar nicht gibt.

ÜBUNG: *ERWARTUNGSMANAGEMENT*

Ich frage mich ganz oft: Wie kann ich die Erwartungen an meine Karriere so niedrig wie möglich halten, um nicht enttäuscht zu werden? Diese Übung ist genau dafür gedacht. Überleg dir, was du für dein Leben, deine Karriere und deine Familie erreichen willst. Überleg dir anschließend, wie sich diese Wünsche runterschrauben lassen, sodass du deutlich geringere Erwartungen hast.

NIEDRIGE ERWARTUNGEN

AKTIONSPLAN

MEIN TRAUM	MEINE ANGEPASSTE ERWARTUNG
FAMILIE	
Ein Ehemann, der mich unterstützt, und ein bis zwei Kinder	Genug Geld, um rechtzeitig meine Eizellen einfrieren zu lassen
LEBEN	
KARRIERE	

MACHST

Du dir viel

ZU VIELE

GEDANKEN?

Oder nicht genug?

Wie du wie ein Mann sprichst, aber trotzdem als Frau wahrgenommen wirst.

In einem männerdominierten Arbeitsumfeld sollten Frauen versuchen, Teil des Chauvi-Clubs zu werden. Dafür musst du dich mehr wie ein Mann benehmen und weniger wie eine Frau.

Leider kommt es (oft) vor, dass, obwohl eine Frau genau das Gleiche sagt wie ein Mann, es bei ihr ganz anders interpretiert wird. Das kann einen schon mal zum Heulen bringen (was dann bei Männern als sensibel gilt und bei Frauen als hysterisch).

Hier sind ein paar Sätze, die du als berufstätige Frau um jeden Preis vermeiden solltest.

HILFSBEREIT   SCHROFF

NOTBREMSE

STÖRENDE
UNTERBRECHUNG

Sorry, aber das geht gar nicht!

LEIDENSCHAFTLICH **EMOTIONAL**

Ich denke, ich bin am besten geeignet,
um dieses Projekt zu leiten.

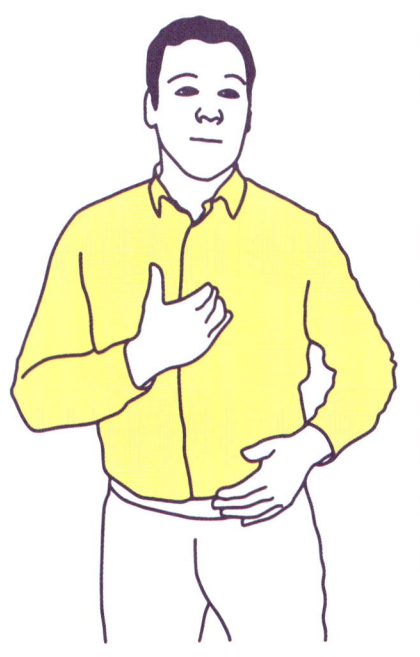

SELBSTBEWUSST

ARROGANT

Ich brauche mehr Zeit dafür.

GRÜNDLICH   LANGSAM

Ich habe vier Kinder.

BRAUCHT EINE BEFÖRDERUNG, DAMIT ER SICH UM SEINE FAMILIE KÜMMERN KANN

KANN NICHT BEFÖRDERT WERDEN, MUSS SICH UM IHRE FAMILIE KÜMMERN

Kann ich morgen meine
Tochter mit zur Arbeit bringen?

FAMILIENMENSCH   UNORGANISIERT

KONZENTRIERT

Ich hab einfach keine Zeit,
um irgendwelche Geburtstags-
partys zu organisieren.

VIEL ZU TUN

NICHT TEAMFÄHIG

Ich möchte eine Gehaltserhöhung.

IST EHRGEIZIG

FÜR WEN HÄLT DIE SICH?

Sorry, ich hab das wirklich verbockt.

HAT EINE ZWEITE CHANCE VERDIENT

SOLLTE SICH SCHLEUNIGST EINEN NEUEN JOB SUCHEN

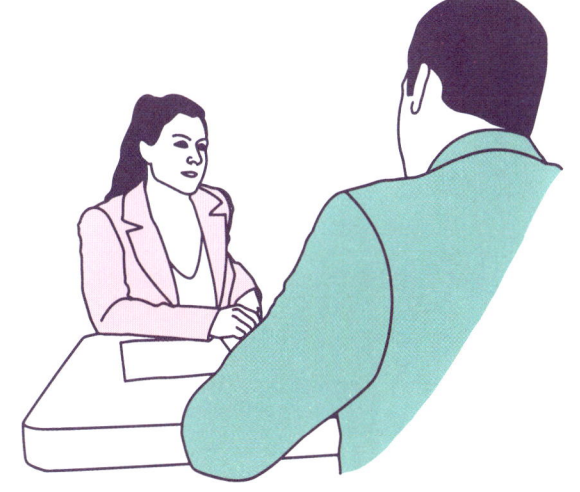

UMSICHTIG

SPRUNGHAFT

Fazit

Wie andere Menschen deine Worte interpretieren, ist ihr Problem. Aber es ist auch dein Problem, weil es auf der Karriereleiter eigentlich nur um Soft Skills geht. Wir Frauen müssen allerdings aufpassen, dass unsere Soft Skills nicht zu soft sind. Denn: Auf unsere harten Skills können und dürfen wir uns nicht verlassen.

Was will ich damit sagen? Ach, keine Ahnung. Ich dreh mich eigentlich nur im Kreis, was aber in Ordnung geht, weil ich das in einer sehr soften Tonlage mache.

ÜBUNG: DER TON MACHT DIE MUSIK!

Tone Policing ist eine hinterhältige Taktik, bei der Leute komplett ignorieren, was du gerade gesagt hast, indem sie sich über den Tonfall deiner Aussage aufregen. Da du als Frau früher oder später sowieso damit konfrontiert sein wirst, lernst du am besten jetzt gleich, deinen Tonfall unter Kontrolle zu halten, damit andere dich dafür nicht kritisieren müssen. Übe auf dem folgenden Arbeitsblatt, deiner Aussage den richtigen Tonfall zuzuordnen.

DER TON MACHT DIE MUSIK!

ARBEITSBLATT

Eine Frage stellen	Flüsternd
Eine Präsentation halten	Monoton
Sagen, dass du dich verspätest	Singsang
Sich beschweren	Schrill
Deine Meinung kundtun	Entschuldigend
Missbilligung äußern	Sinnlich
Feedback geben	Witzig
Sich entschuldigen	Ersterbend
Ein Vorstellungsgespräch führen	Ängstlich
Ein Meeting leiten	Schweigend
Anweisungen geben	Scheu
Einen Prozess infrage stellen	Unentschlossen
Um eine Gehaltserhöhung bitten	Schwach
Um eine Beförderung bitten	Haspelnd
Früher gehen	Zuckersüß

BELIEBTE KOMMUNIKATIONS-WEGE IM BÜRO

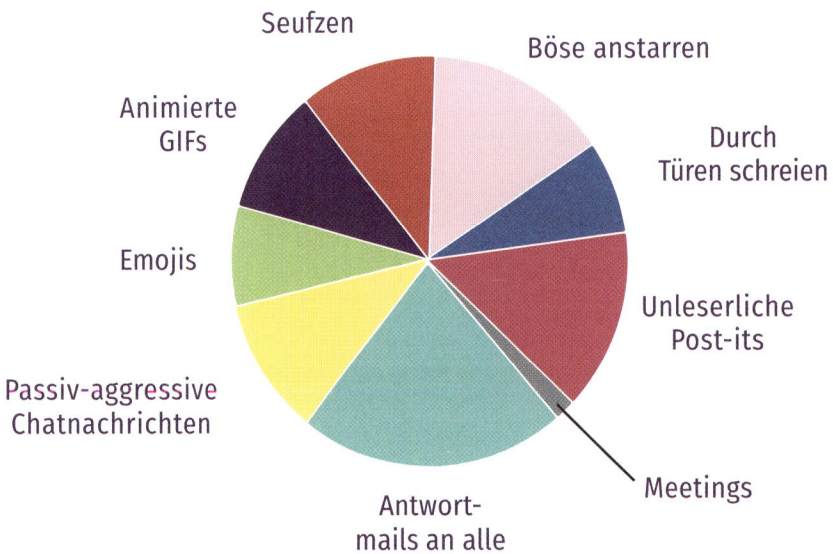

Seufzen

Böse anstarren

Animierte GIFs

Durch Türen schreien

Emojis

Unleserliche Post-its

Passiv-aggressive Chatnachrichten

Meetings

Antwort-mails an alle

WAS MACHEN WIR EIGENTLICH
DEN GANZEN TAG?

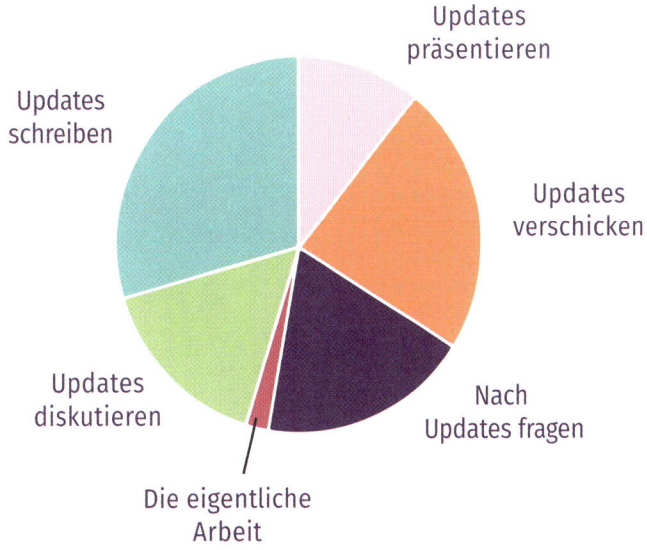

JE
lauter
DU TIPPST,
— - = DESTO = - —
PRODUKTIVER
wirkst
DU

Wie du deine Karriere voranbringst, ohne es allen aufs Brot zu schmieren.

Männer wissen definitiv am besten, wie man eine Bullshit-Position professionell ausfüllt. Es sieht immer so aus, als seien sie die härtesten Arbeitstiere im Büro, obwohl sie schon seit Jahren keinen Finger gekrümmt haben. Auch du kannst diese Taktik nutzen, um deine Kollegen* glauben zu lassen, dass du nur für die Arbeit lebst. Und zwar ohne, dass du dies aussprechen musst – denn das wäre natürlich Selbstmord für deine Karriere.

Hier sind elf subtile Tricks, die dir die nötige Sichtbarkeit im Büro gewährleisten, während du die nötige Unsichtbarkeit behalten kannst.

* Auch hier hätte sich Gendern krass gut angeboten. Aber hey, ist ja schließlich erst 2021.

#01: Beschwere dich über die vielen Mails, die du bekommst.

Boah, ich hab 500 ungelesene Mails.

Ach echt? Ich hab doppelt so viele.

Wenn du dich über deine vielen ungelesenen Mails beschwerst, darfst du bloß nicht die Erste sein, die eine genaue Zahl nennt. Ich hab mal in der Büroküche über meine 200 Mails geklagt und wurde einfach ausgelacht. Pro-Tipp: Finde heraus, wie viele Mails alle anderen bekommen und behaupte einfach, du kriegst das Doppelte.

#02: Stelle möglichst viele Termine in deinem Kalender auf vertraulich.

Glaub mir, nichts beeindruckt neugierige Kollegen mehr als ein Kalender voller vertraulicher Termine. Sie werden sich den ganzen Tag fragen, ob du an einem Top-Secret-Projekt arbeitest, oder ob du vielleicht einen Headhunter triffst. So oder so steigt dein Ansehen damit ins Unermessliche und alle wollen mit dir in Verbindung gebracht werden.

#03: Hab immer und jederzeit tausende Dokumente gleichzeitig offen.

Wow, Sarah arbeitet ja immer noch in dem Dokument. Beeindruckend.

Falls du im Büro Google Docs oder ein ähnliches kollaboratives Tool benutzt, musst du einfach ständig irgendwelche wichtigen Dokumente offen haben, damit es so aussieht, als ob du durchgehend daran arbeitest.

#04: Ändere deine E-Mail-Signatur in „Von unterwegs gesendet".

Von unterwegs gesendet. Sorry für die Rechtschreibfiehlr

(Auch wenn du nie unterwegs bist.)

Dieser kleine Trick hat's in sich: Es sieht aus, als ob du dauerbeschäftigt bist und von einem Termin zum nächsten hetzt. Außerdem musst du nie wieder deine Mails auf Rechtschreibung kontrollieren. Sorry, keine Zeit!

#05: Lass deine Kollegen an beliebigen Gedanken teilhaben. Zu jeder Tages- und Nachtzeit.

1:32 Uhr:
Wie ist eigentlich
der Stand bei
diesem Projekt?

4:04 Uhr:
Warum machen wir
eigentlich nicht
auch das, was
(Mitbewerber
XY) macht?

2:50 Uhr:
Nachfolgend ein paar
Ideen zu unserer
Organisationsstruktur.

Schicke E-Mails am Wochenende und mitten in der Nacht.
Deine Kollegen werden nicht darauf klarkommen, dass
du selbst um drei Uhr morgens immer noch an die Arbeit
denkst. Stichwort: Extrameile.

#06: Verschicke sehr, sehr, sehr viele Status-Updates.

Bin im Taxi.

Gehe gerade durch die Security.

Bin schon am Gate, aber muss noch aufs Klo.

Stehe vorm Spiegel.

Wasch mir jetzt die Hände.

Ich trockne mir gerade die Hände.

Es ist sehr wichtig, alle daran teilhaben zu lassen, wo du gerade bist und was du machst. Außerdem solltest du minütlich über Status und Qualität deines Internetzugangs berichten. Dein Team muss denken, dass du wie mit einer Nabelschnur mit deiner Arbeit verbunden bist. Gleichzeitig wirkt das so, als ob dein Team ohne dich komplett aufgeschmissen wäre.

#07: Streue mathematische Begriffe ein, um schlauer zu wirken.

Ein raffinierter Trick, um total smart zu klingen, ist die Verwendung von Begriffen aus dem Mathe-Leistungskurs in Arbeitsgesprächen.

EXPONENTIELL
Statt: „Unsere seifenfreie Handwasch-App wächst rasant."
Lieber: „Wir sehen *exponentielles* Wachstum in unseren Nutzerzahlen."

ORTHOGONAL
Statt: „Vegane Mahlzeiten haben nichts damit zu tun, ob wir mehr Espressomaschinen brauchen."
Lieber: „Diese Themen verhalten sich *orthogonal* zueinander."

DELTA
Statt: „Beide Marketingpläne klingen gut, aber wo liegen die Unterschiede?"
Lieber: „Was ist hier das *Delta?*"

DRITTER QUADRANT
Statt: „Die Rezension, die wir im Business Insider bekommen haben, ist alles andere als positiv."
Lieber: „Das ist eine *Dritter-Quadrant*-Situation."

BINÄR

Statt: „Entweder gebt ihr uns eine Million oder eben nicht."
Lieber: „Wir haben hier ein *binäres* Ergebnis."

HYPERBOLISCH

Statt: „Übertreibst du da nicht?"
Lieber: „Bist du da nicht etwas *hyperbolisch*?"

ASYMPTOTISCH

Statt: „Wir sind immer kurz davor, schwarze Zahlen zu schreiben, aber so ganz schaffen wir es nicht."
Lieber: „Unser Gewinn ist *asymptotisch*."

MULTIVARIAT

Statt: „Wir sollten diese Designs A/B-testen."
Lieber: „Lasst uns einen *multivariaten* Test machen."

EXTRAPOLIEREN

Statt: „Basierend auf den März-Zahlen wissen wir, dass der April schlecht wird."
Lieber: „Ich konnte *extrapolieren*, ab wann wir pleite sein werden."

NULL

Statt: „In diesem Quartal werden wir dich nicht bezahlen können."
Lieber: „Dein Gehalt ist *null*."

#08: Laufe mit deinem aufgeklappten Laptop rum.

Mit diesem Trick zeigst du allen im Büro, dass du absolut keine Zeit verschwendest. Der beste Nebeneffekt ist, dass du auch nicht angequatscht wirst, weil du einfach extrem beschäftigt bist.

#09: Verwende in Mails so viele Abkürzungen wie möglich.

Die Verwendung von Abkürzungen hat mehrere Vorteile. Es zeigt zum einen, wie sehr du dir die Sprache deines Unternehmens zu eigen gemacht hast. Zudem bietet es die Gelegenheit, einem unwissenden Kollegen auf sehr herablassende Weise eine Abkürzung zu erklären. Beginne jede Mail mit einer stichpunktartigen Zusammenfassung und einem tl;dr-Disclaimer (Too Long; Didn't Read).

#10: Gehe immer mit deiner Laptoptasche nach Hause.

Wenn du Feierabend machst, nimm neben deiner Laptoptasche auch noch diverse sinnlose Ordner und Papierstapel mit heim. Achte darauf, dass alle anderen dich beim Zusammenpacken sehen können, damit der Eindruck erweckt wird, dass du zu Hause selbstverständlich weiterarbeitest. Das ganze Zeug kannst du bis zum nächsten Tag in deinem Kofferraum lassen.

#11: Verwende eine extrem komplizierte und verschachtelte Abwesenheitsnotiz.

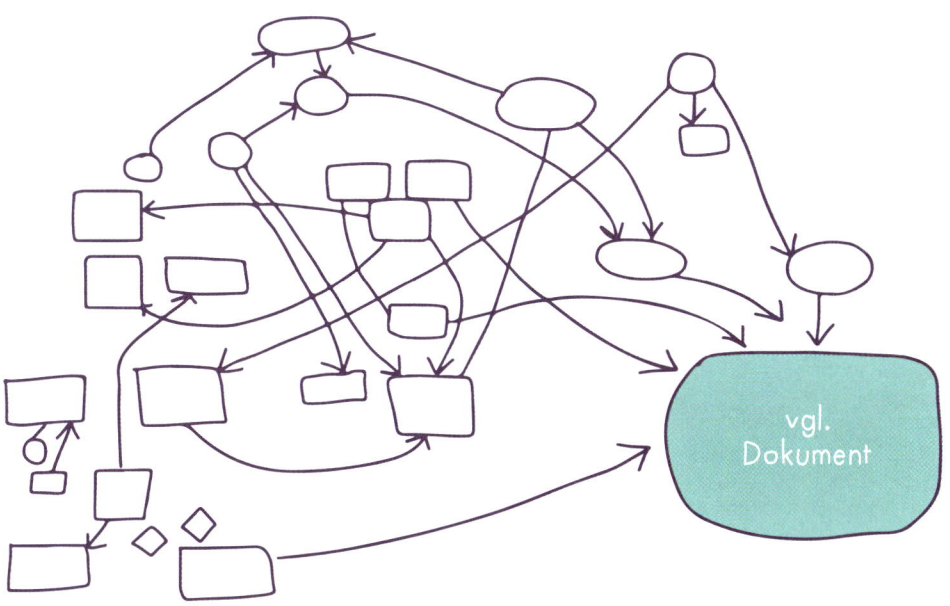

Wenn du mal eine Stunde nicht auf deine Mails antworten kannst (vielleicht, weil du es endlich zur Zahnreinigung geschafft hast), solltest du eine extrem komplizierte Abwesenheitsnotiz erstellen mit zwölf Ansprechpartnern für all deine unterschiedlichen Projekte. Für Extrameilenpunkte: Erstelle ein Dokument, das jedes Miniprojekt, an dem du gerade arbeitest, detailliert auflistet und den jeweiligen Ansprechpartner während deiner Abwesenheit nennt.

Fazit

Wenn du schon so hart arbeitest, muss es auch jeder mitkriegen, aber auf eine subtile Art und Weise. Und falls jemand mal erwähnt, wie viel du eigentlich arbeitest, solltest du sehr überrascht tun. So, als hättest du es nicht mal bemerkt. Als Frau ist es wichtig, hart und mit ganzer Hingabe zu arbeiten, aber gleichzeitig so zu tun, als wäre es überhaupt kein Ding. Dadurch wird dein Chef, wenn er dich befördert, denken, er belohne deine harte Arbeit, obwohl er eigentlich deinen mangelnden Ehrgeiz honoriert. Je weniger Ambitionen du zu haben scheinst, umso weiter wirst du es bringen.

ÜBUNG: *HOCHSTAPLER-SYNDROM-CHECKLISTE*

Manchmal fühlt man sich bei der Arbeit wie eine Hochstaplerin. Als wärst du eine Betrügerin, die nur vorgibt, kompetent zu sein. Als wärst du nicht gut genug. Kein Stress – das gehört dazu! Dieses Phänomen nennt sich auch „Impostor-Syndrom" und alle richtig guten Leute leiden darunter. Hast du es vielleicht auch? Und wie schneidet dein Hochstapler-Syndrom im Vergleich ab? Mit dieser Checkliste findest du es heraus.

HOCHSTAPLER-SYNDROM

CHECKLISTE

KREUZE JEDE AUSSAGE AN, DIE AUF DICH ZUTRIFFT.

☐ Ich habe meinen Erfolg nicht verdient.
2 PUNKTE

☐ Welchen Erfolg? Ich habe nichts aus meinem Leben gemacht.
4 PUNKTE

☐ Wenn mich jemand kritisiert, weiß ich genau, dass er/sie recht hat.
2 PUNKTE

☐ Wenn mir jemand ein Kompliment macht, gebe ich der Person eine Nackenschelle.
8 PUNKTE

☐ Ich habe genauso viel Angst davor zu scheitern, wie erfolgreich zu sein.
4 PUNKTE

☐ Ich sehe alle Chancen als eine Falle.
6 PUNKTE

☐ Alles, was ich erreiche, ist zu 90 % Glück und zu 10 % Glück.
8 PUNKTE

**30 PUNKTE
ODER MEHR**
Ich würde dir ja sagen,
wie gut dein Hoch-
stapler-Syndrom ist,
aber ich hab Angst vor
einer Nackenschelle.

20–29 PUNKTE
Dein Hochstapler-Syndrom
ist okay. Nicht sehr gut,
sondern okay. Was wirklich
perfekt so ist.

**19 PUNKTE
ODER WENIGER**
Du musst wirklich etwas
mehr an deinem Hoch-
stapler-Syndrom arbeiten.
Du hast ganz klar zu viel
Selbstvertrauen.

Bonusmaterial

DIE ANATOMIE
EINER E-MAIL

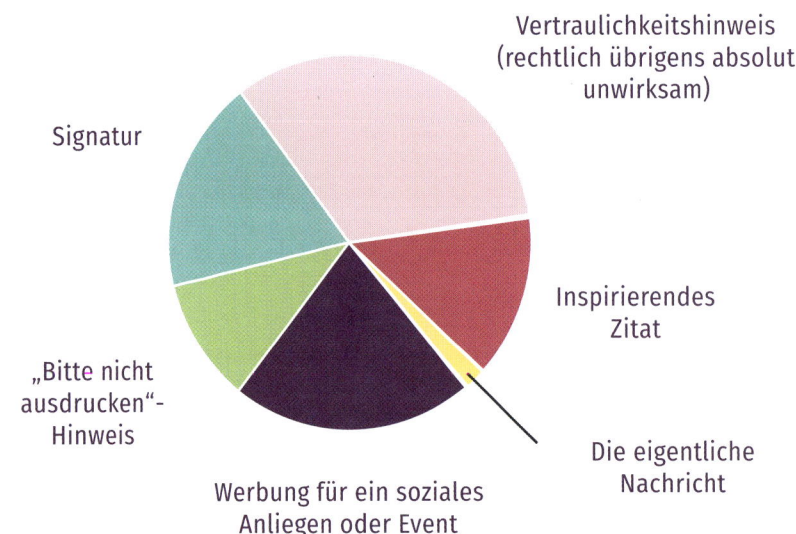

Vertraulichkeitshinweis
(rechtlich übrigens absolut
unwirksam)

Signatur

Inspirierendes
Zitat

„Bitte nicht
ausdrucken"-
Hinweis

Die eigentliche
Nachricht

Werbung für ein soziales
Anliegen oder Event

WARUM ICH DICH IN CC GESETZT HABE

Damit du eine Aufgabe für
mich übernimmst.

Weil du mein
Chef bist und
sehen sollst,
dass ich noch
online bin.

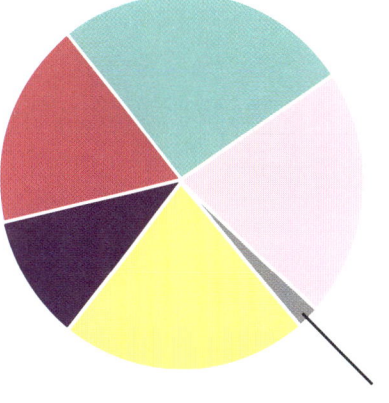

Um später beweisen
zu können, dass du
„im Loop warst".

Um dich bloß-
zustellen, weil du
vergessen hast,
etwas zu erledigen.

Als Power-Move

Ich dachte wirklich,
dass diese Info
hilfreich ist.

SEI DU SELBST!

Nein,

NICHT SO.

DIESES ANDERE DU,

DAS

MENSCHEN MÖGEN.

Wie du dein wahres Ich mit ins Büro bringst und dann erfolgreich versteckst.

Authentizität heißt, dein ganzes Ich mit zur Arbeit zu bringen. Abgesehen von jeglichen Persönlichkeitsanteilen, die dich irgendwie anders sein lassen als die anderen.

Ein weitverbreitetes Missverständnis ist die Annahme, dass es bei Authentizität um Ehrlichkeit geht. Nein! Du musst lügen, dass sich die Balken biegen. Das dient dem Allgemeinwohl deines Teams und deines Unternehmens. Deinem persönlichen Wohl dient es weniger.

Im Folgenden findest du einige Anregungen, wie du die perfekte Balance zwischen Ehrlichkeit und Authentizität findest.

Alter

EHRLICH   **„AUTHENTISCH"**

Was ist deine Lieblingsband?

Pearl Jam.

Wer ist das?

Was ist deine Lieblingsband?

Hmm, keine Ahnung. Was magst du denn so?

Manche Menschen sind aus irgendeinem Grund zu Unrecht stolz auf ihr Alter. Sie sprechen über persönliche Dinge, die ihr Alter verraten, z. B. popkulturelle Referenzen, Musik, Kunst oder ihre Lieblingsbücher. Das ist ein Riesenfehler, wenn du Ageismus vermeiden willst. Beschränke dich bei deinen Referenzen lieber auf die Favoriten der Generation Z und höre Pearl Jam* – wenn überhaupt – nur über Kopfhörer.

*Pearl Jam ist eine Rockband aus den frühen 90ern.

Familienplanung

EHRLICH

„AUTHENTISCH"

Planst du noch
mehr Kinder?

Planst du noch
mehr Kinder?

Ehrlich gesagt
bin ich gerade
wieder schwanger.

Oh Gott, daran
will ich gar
nicht denken.

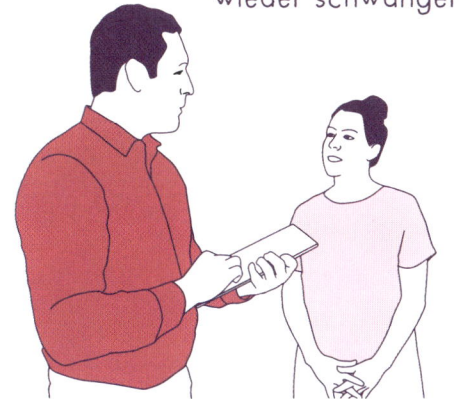

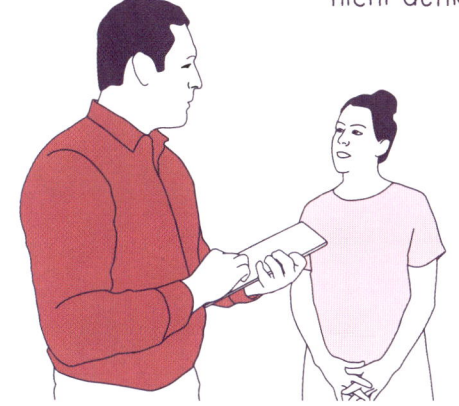

Es ist sehr riskant, deinem Team von deiner Familienplanung
zu erzählen. Wenn sie glauben, dass du bald in Mutterschutz
gehst, könnten sie dich ab sofort aus zukünftigen Projekten aus-
schließen. Am besten hältst du deine Schwangerschaft geheim,
bis dein Kind mindestens volljährig ist.

 # Sexuelle Orientierung

EHRLICH   „AUTHENTISCH"

Wo ist
deine Frau?

Mein Mann ist
Arzt und hat heute
Bereitschaftsdienst.

Wo ist
deine Frau?

Heute bin ich
solo unterwegs.

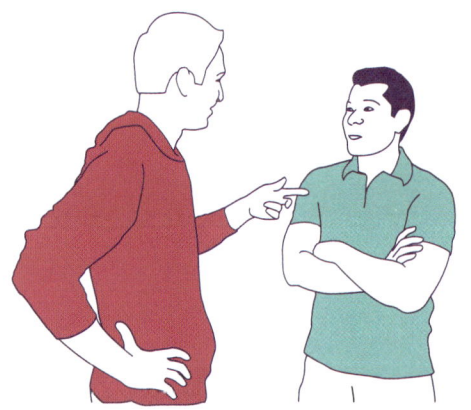

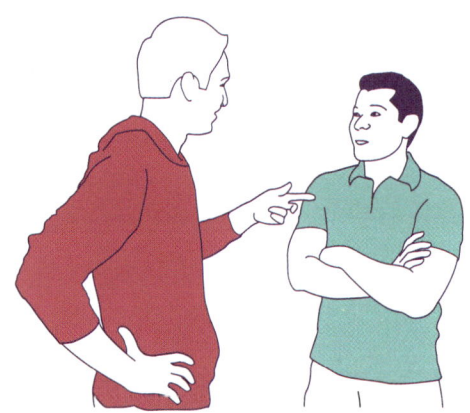

Falls du nicht in einer traditionellen Beziehung lebst, solltest du
das so lange wie möglich für dich behalten, damit es für deinen
Arbeitskollegen nicht unangenehm wird, oder für dich, weil du
seine unangenehmen Fragen beantworten musst.

Politik

EHRLICH

„AUTHENTISCH"

Wir
sollten alle
libertär sein.

Da bin ich
komplett anderer
Meinung.

Wir
sollten alle
libertär sein.

Mhm, das höre
ich in letzter
Zeit öfter.

Politik auf der Arbeit zu diskutieren ist ein absolutes No-Go. Leider gibt
es in jeder Firma jemanden, der sich daran nicht hält, und im schlimmsten
Fall ist das dein Vorgesetzter, der unbedingt seine Meinung zu Querden-
kern teilen will. Bleibe vage und lass dich zu keiner Aussage hinreißen.
Zu Hause kannst du dann in dein Kissen schreien.

Mentale Gesundheit

EHRLICH   **„AUTHENTISCH"**

Warum nimmst du deinen ganzen Jahresurlaub auf einmal? Was machst du denn Cooles?

Hm, naja. Ich hab ne Depression.

Warum nimmst du deinen ganzen Jahresurlaub auf einmal? Was machst du denn Cooles?

Ach, ich weiß noch gar nicht so genau.

Vielleicht bist du bipolar, hast eine Depression, Angstzustände oder andere psychische Erkrankungen. Deine Firma unterstützt dich zu 100 % dabei, dass du dich auf diese Probleme konzentrieren kannst und genau die Hilfe bekommst, die du brauchst. Vorausgesetzt, du thematisierst es niemals im Büro und erledigst deine Arbeit planmäßig.

Bloggen

EHRLICH   **„AUTHENTISCH"**

Ich hab deinen Blog entdeckt. Spannend, was du da so schreibst.

Ja, ich mag es ganz gerne, meine Ansichten mit anderen zu teilen.

Ich hab deinen Blog entdeckt. Spannend, was du da so schreibst.

Ach, es ist im Grunde alles ausgedacht.

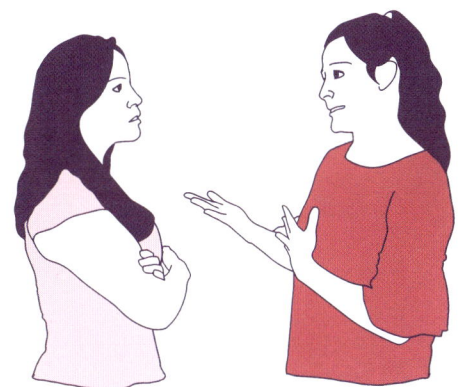

Was du in deiner Freizeit machst, ist deine Sache. Es sei denn, jemand aus dem Büro kriegt es mit, dann geht's deine gesamte Firma etwas an. Sollte das passieren, musst du darauf vorbereitet sein, wie du das Ganze am besten überspielst. Klar, Volleyball oder Karaoke sind harmlos; aber sobald du etwas machst, was deine wahre Persönlichkeit erkennen lässt, kannst du dich auf deine Entlassung gefasst machen.

Religion

EHRLICH   **„AUTHENTISCH"**

Warum isst
du nichts?

Weil
Ramadan ist.

Warum isst
du nichts?

Puh, hab gestern
Abend viel zu
viel gegessen.

Religion ist ein heikles Thema im Büro. Vor allem, wenn es dich daran hindert,
an gemeinsamen Mittagessen, Feierabend-Drinks oder Team-Ausflügen teil-
zunehmen. Auch wenn du am liebsten ganz ungezwungen über deine Religion
sprechen würdest, gerade wenn sie eine große Rolle in deinem Leben spielt –
bagatellisiere ihre Bedeutung lieber. Sonst denken die anderen noch, du
könntest deswegen kein Teamplayer sein.

Sucht

„AUTHENTISCH"

Warum trinkst du nicht?

Ich bin seit 8 Jahren trocken.

Warum trinkst du nicht?

Mir ist irgendwie nicht danach.

Trocken zu sein ist etwas, worauf du stolz sein kannst. Außer bei der Arbeit, wenn alle sich zum Feierabendbier treffen. Da willst du doch nicht außen vor sein? Also lass die Option, dass du beim nächsten Mal mitkommst, auf jeden Fall offen, auch wenn das nicht mal im Allerentferntesten jemals passieren wird.

Konfrontation

EHRLICH „AUTHENTISCH“

Wir können
gerne jederzeit
dazu sprechen.

Wenn alle Stricke reißen und du dein wahres Ich vor den anderen nicht
verstecken kannst, dann musst du dich eben wirklich verstecken.

Sich selbst treu sein

EHRLICH

„AUTHENTISCH"

Ich will mein
eigenes Ding
machen.

Ich mache alles, was von
mir erwartet wird. Ehrlich
gesagt, weiß ich schon gar
nicht mehr, wer ich bin.

Nachdem du dein Ich jahrelang versteckt hast, wirst du dich
irgendwann in deine Kollegen verwandeln und ganz genauso sein wie
sie. Von diesem Moment an bist du wirklich authentisch, weil du
nun eine komplett andere Person bist.

Fazit

Authentizität hat weniger damit zu tun, du selbst zu sein, sondern eher damit, eine erfolgreiche, bewundernswerte Person zu finden, die du dann erfolgreich nachahmst. Für eine hundertprozentige Erfolgsgarantie suchst du dir jemanden aus, der in der Rangordnung ganz oben steht, und machst am besten alles nach, was derjenige tut, wie er sich benimmt, anzieht, was er denkt und wie er fühlt. Sobald die Verwandlung in diese Person vollendet ist, werden dich Kollegen als jemanden wahrnehmen, der auch das Potenzial hat, es in der Firma zu etwas zu bringen. Solltest du so viel von deiner Persönlichkeit verstecken, dass du irgendwann selbst nicht mehr weißt, wer du eigentlich bist, kannst du immer noch versuchen, wieder runterzukommen, indem du Zeit mit deiner Familie verbringst.

ÜBUNG: *MEIN WAHRES ICH*

Gibt es etwas, das deine Kollegen über dich wissen sollten? Welche persönlichen Dinge würdest du ihnen gegenüber am liebsten nicht mehr verheimlichen müssen? Sammle all das auf diesem Vision Board und vernichte anschließend die Seite.

MEIN WAHRES ICH

VISION BOARD

HIER IST PLATZ FÜR AUSSCHNITTE AUS
ZEITSCHRIFTEN, ZEICHNUNGEN ODER ZITATE,
DIE DEIN WAHRES ICH AM BESTEN BESCHREIBEN.
DANACH REISST DU DIESE SEITE RAUS, DAMIT
SIE BLOSS KEINER JEMALS SIEHT.

Bonusmaterial

SO SAGST DU JA:

SO SAGST DU NEIN:

Bonusmaterial

DIE VIELEN GESICHTER
DER RECHTMACHEREI

Fröhlich

Gelangweilt

Wütend

Entsetzt

Niedergeschlagen

Komplett am Ende

„SORG DAFÜR, DASS DIE

Welt

SICH AN DEINEN NAMEN ERINNERT."

— *Unbekannt*

Ein ungeschönter Blick auf Diversität in deutschen Büros

Im Sinne der Transparenz (und auf zunehmenden Druck der Öffentlichkeit) freuen wir uns, unseren jährlichen Bericht „Diversität in deutschen Büros" zu veröffentlichen. Besonders erfreuliche Bilanz: Wir konnten dieses Jahr sehr viele unterschiedliche Männer einstellen.

Mitarbeiterzusammensetzung

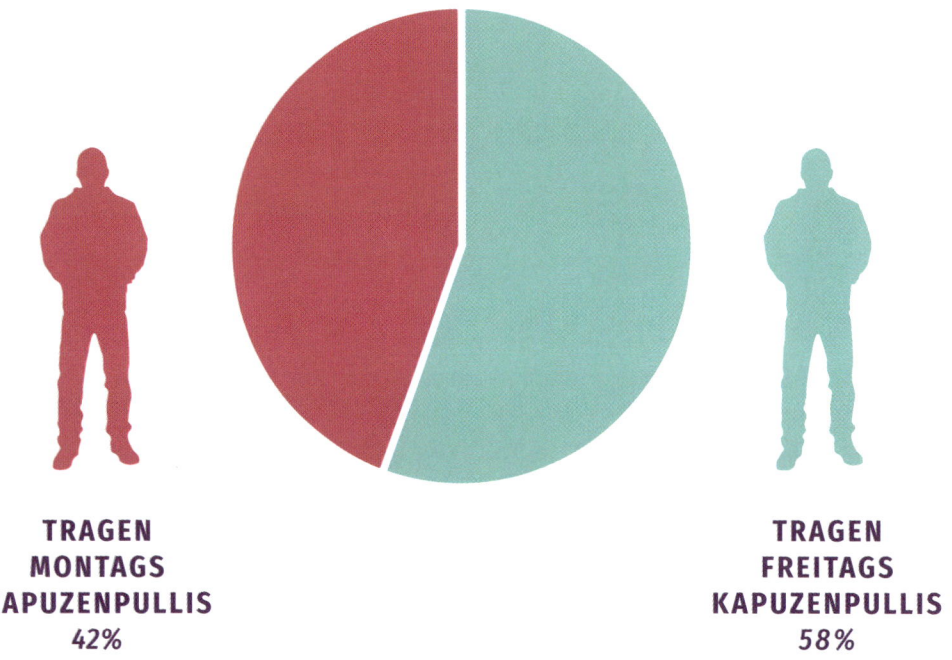

**TRAGEN
MONTAGS
KAPUZENPULLIS**
42%

**TRAGEN
FREITAGS
KAPUZENPULLIS**
58%

Hinsichtlich Kapuzenpullis stellt unser Unternehmen eine Mischung
aus Menschen ein, die montags bzw. freitags Hoodies tragen, und
diskriminiert weder die eine noch die andere Neigung.

Mitarbeiterzusammensetzung

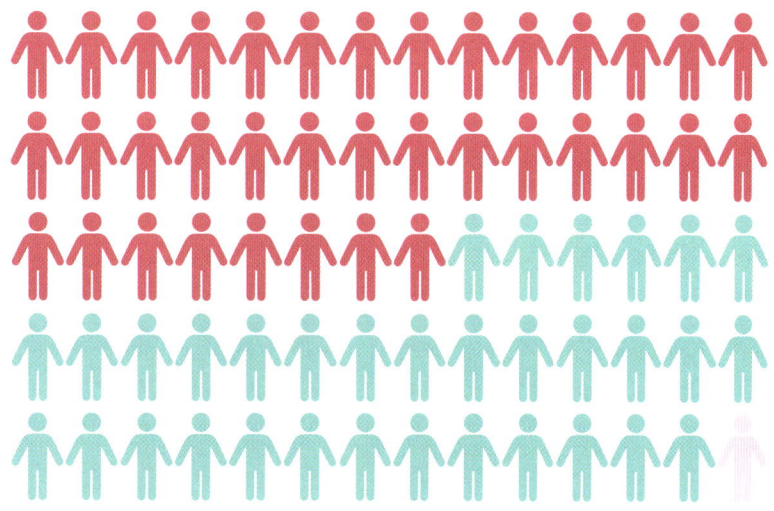

 **WHU**
JAHRGANG 2010
50%

 WHU
JAHRGANG 2011
48%

 ANDERE
2%

Unsere Mitarbeiter haben ihre Abschlüsse in unterschiedlichen
Jahrgängen an der WHU erworben.

Einstellungskriterien

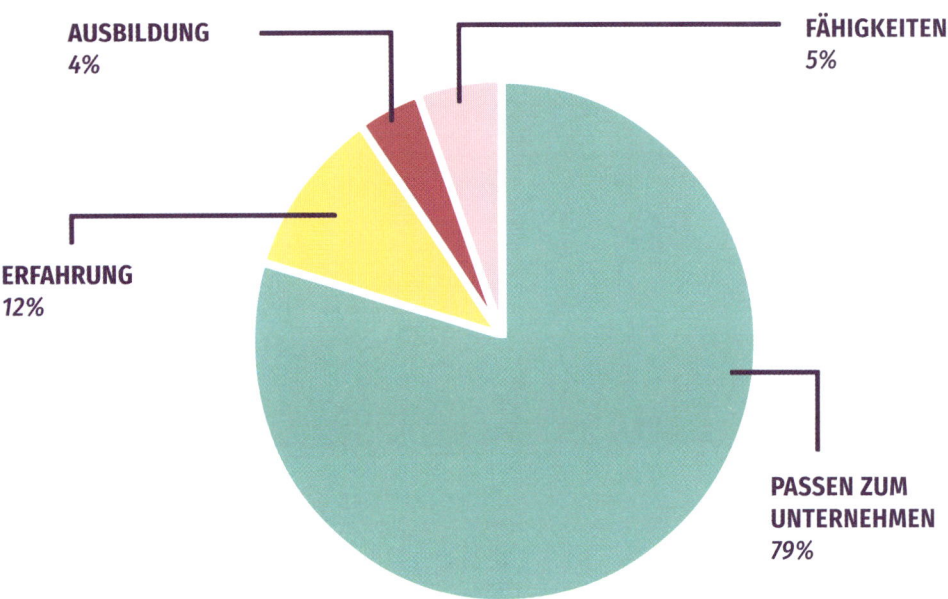

AUSBILDUNG
4%

FÄHIGKEITEN
5%

ERFAHRUNG
12%

PASSEN ZUM UNTERNEHMEN
79%

Bei der Einstellung neuer Mitarbeiter spielt eine ganze Reihe von Faktoren eine Rolle, unter anderem Ausbildung, Erfahrung und Fähigkeiten. Der bei Weitem wichtigste Faktor ist allerdings, ob der Kandidat sich in unsere Unternehmenskultur einfügen kann. Manche behaupten, dass wir aus diesem Grund immer genau den gleichen Typus Bewerber einstellen, aber weiß man's?

Höheres Management

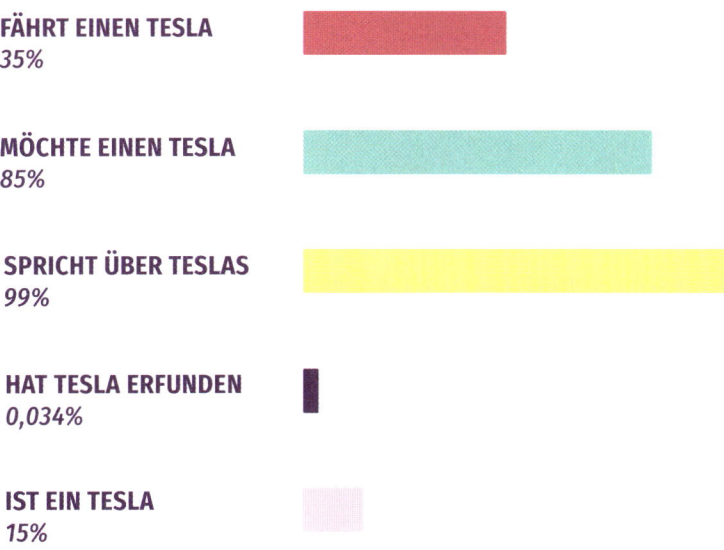

FÄHRT EINEN TESLA
35%

MÖCHTE EINEN TESLA
85%

SPRICHT ÜBER TESLAS
99%

HAT TESLA ERFUNDEN
0,034%

IST EIN TESLA
15%

Diversität wird bei uns auch im höheren Management gelebt.
Das ist in den meisten Unternehmen nicht der Fall: je höher in der
Hierarchie, desto weniger Diversität. Nicht bei uns! Unsere Vielfalt,
gerade was Tesla-Autos angeht, sucht ihresgleichen.

Abteilungen

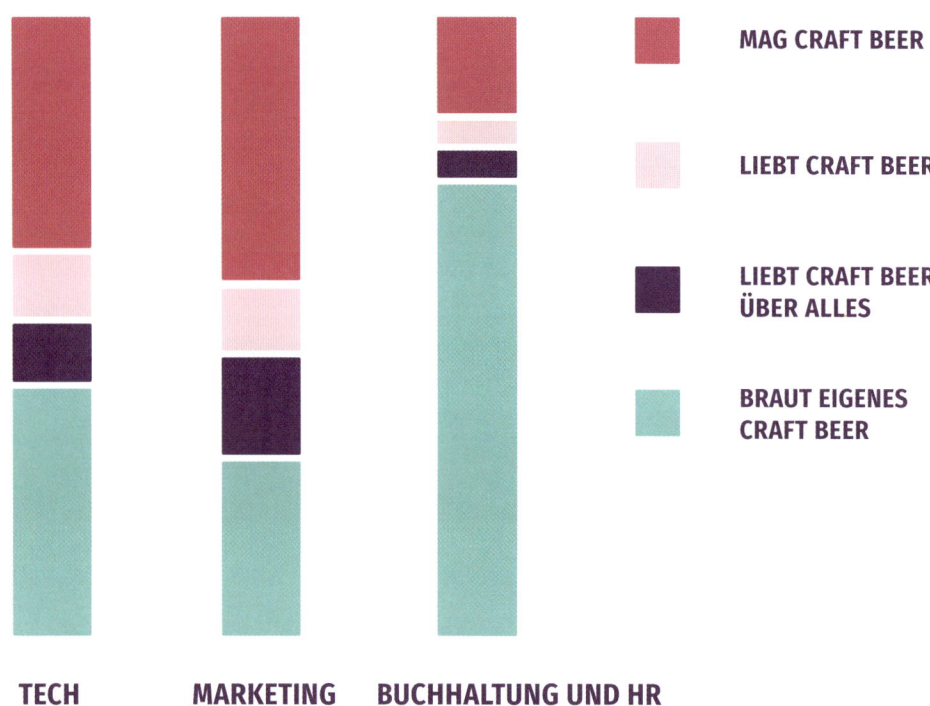

MAG CRAFT BEER

LIEBT CRAFT BEER

LIEBT CRAFT BEER ÜBER ALLES

BRAUT EIGENES CRAFT BEER

TECH **MARKETING** **BUCHHALTUNG UND HR**

Auch abteilungsübergreifend ist unsere Firma sehr divers
aufgestellt. Es sind sämtliche Gruppen vertreten, angefangen
bei Menschen, die Craft Beer mögen, lieben, über alles lieben
bis zu Menschen, die es sogar selbst brauen.

Klima

**GLAUBEN, DASS
WIR DAS DIVERSITÄTS-
PROBLEM GELÖST HABEN**
72%

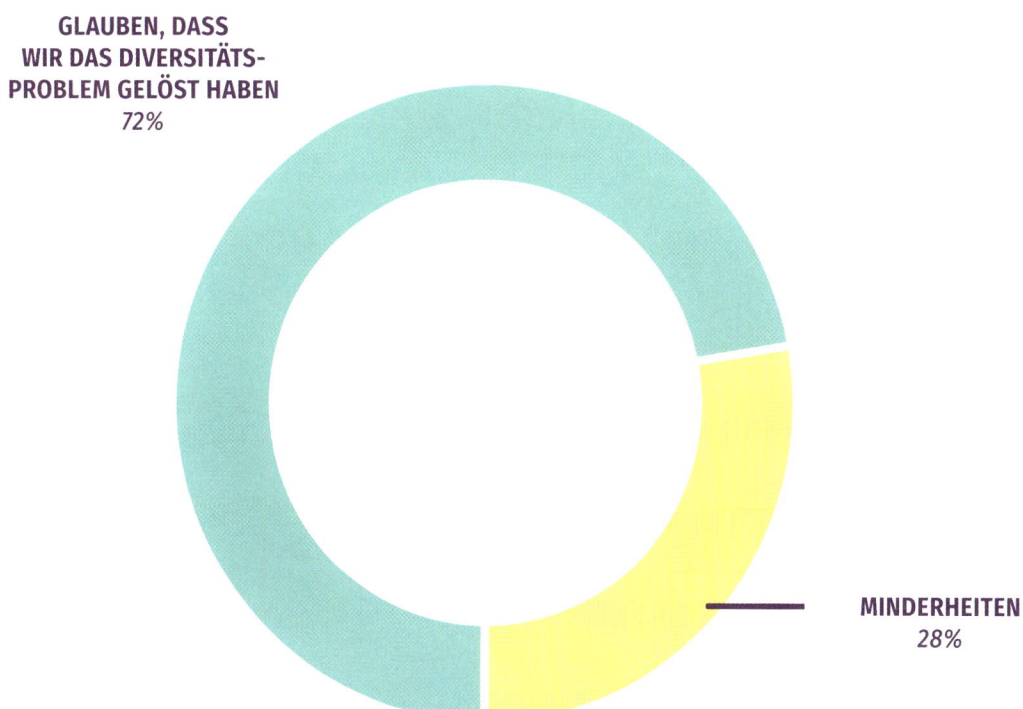

MINDERHEITEN
28%

Beim Thema Diversität ist die individuelle Wahrnehmung ebenso
wichtig wie Fakten. Daher ist es besonders erfreulich für uns zu sehen,
dass die große Mehrheit der Meinung ist, dass wir die Diversitätsfrage
im Wesentlichen beantwortet haben.

Gehälter

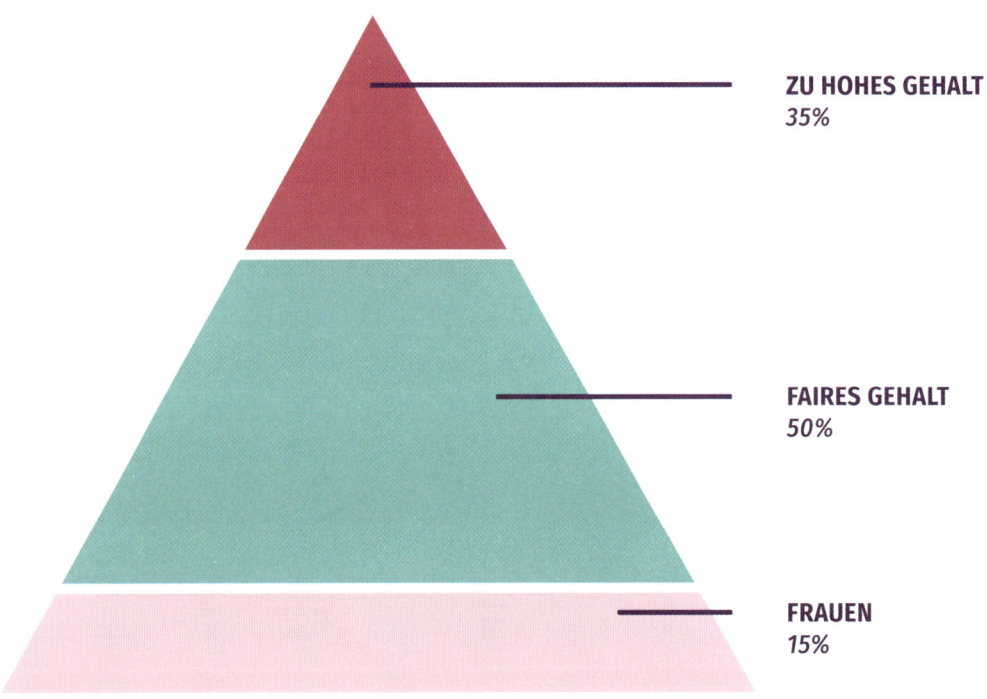

ZU HOHES GEHALT
35%

FAIRES GEHALT
50%

FRAUEN
15%

Es ist wichtig, dass jeder unserer Mitarbeiter gleiches Gehalt für gleiche Arbeit erhält und dass sich Engagement in den breit gefächerten Gehältern unseres Unternehmens wiederspiegelt.

Team-Building

SPORTLICHE
AKTIVITÄTEN
20%

ALKOHOL
20%

ANDERE SPORTLICHE
AKTIVITÄTEN
20%

MEHR
ALKOHOL
20%

NOCH MEHR
SPORTLICHE AKTIVITÄTEN
20%

NOCH MEHR
ALKOHOL
20%

Die Diversitätskultur unseres Unternehmens wird durch eine große
Bandbreite an Team-Building-Aktivitäten bereichert, aus denen
unsere Mitarbeiter wählen können.

Sexismus

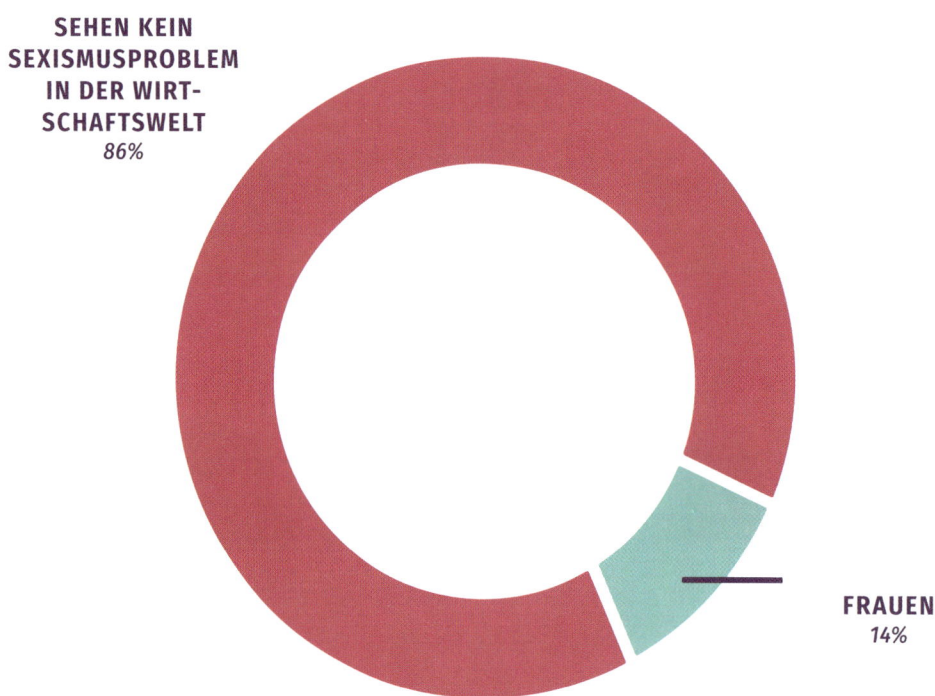

SEHEN KEIN SEXISMUSPROBLEM IN DER WIRT- SCHAFTSWELT
86%

FRAUEN
14%

Sexismus in deutschen Büros ist ein großes Problem. Wir machen allerdings die ermutigende Erfahrung, dass die überwiegende Mehrheit der Menschen gar keinen Sexismus in ihrem Alltag erlebt.

Unser Diversity-Ausschuss

Wir arbeiten weiterhin daran, Vielfalt zu einer Top-Priorität unseres Unternehmens zu machen. Aus diesem Grund haben wir einen Diversity-Ausschuss ins Leben gerufen, der unsere Bemühungen in dieser Hinsicht voranbringen soll.

Fazit

Wir sind hocherfreut darüber, welch große Fortschritte wir in den vergangenen drei Monaten erzielen konnten, in denen wir an diesem Diversity-Bericht gearbeitet haben. Wie Sie sehen können, haben wir schon beachtliche Sprünge gemacht. Es liegt noch einiges vor uns, aber wir sind zuversichtlich, dass wir auch das bis zur Veröffentlichung unseres nächsten Berichts erreichen werden. Sollten Sie Fragen, Anmerkungen oder Feedback haben, schreiben Sie uns gerne an Hi@ÜberbewertetesStartup.com

ÜBUNG: UNBEWUSSTE VORURTEILE

Unbewusste Vorurteile treffen uns alle auf unterschiedliche Weise. Wusstest du z. B., dass viele Männer häufig schon aufgrund ihres Vornamens vorverurteilt werden? Teste deine unbewussten Vorurteile auf folgendem Arbeitsblatt, indem du aufschreibst, wie du dir die Person hinter jedem Namen vorstellst.

UNBEWUSSTE VORURTEILE

ARBEITSBLATT

Marcel

Falk

Konstantin

Matthias aka Matze

Marvin

Nils

Florian

Malte

Philipp

Patrick

Fynn

Xaver

Kevin

Eugen

Sebastian

WENN DU KEINE
FEHLER
machst,
MACHST DU WAS
FALSCH, WAS WIEDERUM
BEDEUTET, DASS
DU FEHLER MACHST,
WAS HEIßT, alles richtig machst.
DASS DU
ACH, ICH WEIß
DOCH AUCH NICHT.

Wie du erfolgreich wirst, ohne die Gefühle von Männern zu verletzen.

In einer dynamischen Business-Welt wie der unseren laufen weibliche Führungskräfte Gefahr, als aggressiv, energisch und zu souverän wahrgenommen zu werden. Eine geeignete Möglichkeit, dies zu vermeiden, ist es, den Führungsstil an fragile Männeregos anzupassen.

Sollten Männer starke Frauen einfach akzeptieren, ohne sich von ihnen bedroht zu fühlen? Ja. Ist das zu viel verlangt? IST ES?? Sorry, ich wollte nicht ausfällig werden. Wie auch immer, hier sind jedenfalls zwölf Führungsstrategien für Frauen, die Männer nicht einschüchtern.

Deadlines setzen

BEDROHLICH   **HARMLOS**

Mach das bis
Montag fertig.

Meinst du, du
kriegst es bis
Montag fertig?

Wenn du Deadlines setzt, ist es wichtig, dass du deinen Kollegen fragst,
ob er sich vorstellen könnte, möglicherweise etwas zu tun, anstatt ihm einfach
zu sagen, dass er es tun soll. Das vermittelt ihm das Gefühl, dass dir seine
Meinung wichtig ist, und es fühlt sich weniger nach einem Arbeitsauftrag an.

Ideen mitteilen

BEDROHLICH	HARMLOS
Ich habe eine Idee.	Jetzt einfach mal in die Tüte gesprochen ...

Wenn du deinen männlichen Kollegen eine Idee mitteilst, ist gesundes Selbstvertrauen kontraproduktiv. Du willst schließlich nicht hochnäsig rüberkommen. Mach deine Ideen stattdessen vorab schlecht mit Formulierungen wie: „Ich denk jetzt einfach mal laut", „Ich schmeiß es mal so in die Runde", „Ist vielleicht dumm/verrückt/einfallslos ...".

Per E-Mail um etwas bitten

BEDROHLICH

HARMLOS

Streue Ausrufezeichen und Emojis in deine E-Mails, damit du nicht
zu direkt oder zu fordernd rüberkommst. Deine Unfähigkeit, effizient
kommunizieren zu können, macht dich nahbarer.

Ideenklau

BEDROHLICH *HARMLOS*

Genau das habe ich
doch eben gesagt.

Danke, dass du
das so klar
formuliert hast.

Klaut ein Kollege in einem Meeting deine Idee, bedank dich bei ihm.
Zolle ihm Anerkennung dafür, wie gut er sie für alle erklärt hat. Und ganz
ehrlich, vermutlich hätte niemand jemals deine Idee gehört, wenn er sie
nicht wiederholt hätte.

Sexistische Kommentare

 **BEDROHLICH**   *HARMLOS*

Das ist total
unangebracht
und ich fand's nicht
cool von dir.

gequältes Lachen

Wenn du einen sexistischen Kommentar hörst, ist das gequälte Lachen deine beste Waffe. Übe diese Lache ganz einfach zu Hause, vor Freunden, Familie und dem Spiegel. Du musst wirklich vergnügt klingen, auch wenn du innerlich stirbst.

Das wusste ich schon

BEDROHLICH

HARMLOS

Das habe ich dir doch
selbst vor sechs
Monaten beigebracht.

Könntest du es
mir erklären?

Männer lieben es, Dinge zu erklären. Wenn sie dir etwas erklären, das
du schon weißt, musst du unbedingt der Versuchung widerstehen, zu er-
widern: „Das weiß ich schon." Lass es dir stattdessen immer wieder aufs
Neue erklären. Ein Mann fühlt sich dadurch gebraucht und du kannst
währenddessen überlegen, wie du ihm künftig aus dem Weg gehst.

Einen Fehler entdecken

BEDROHLICH

HARMLOS

Diese Zahlen
stimmen nicht.

Sorry, aber stimmen
diese Zahlen? Ich bin mir
nicht zu 100 % sicher.
Ich hasse Zahlen.

Menschen auf Fehler aufmerksam zu machen, ist immer riskant;
also ist es wichtig, dich zu entschuldigen, dass du den Fehler
überhaupt bemerkt hast, und zu betonen, dass du dir gar nicht
sicher bist, ob es wirklich ein Fehler ist. Deine Kollegen werden
deine unsichere Art sicher zu schätzen wissen.

Befördert werden

BEDROHLICH

HARMLOS

Ich würde gerne
für eine Beförderung
in Erwägung
gezogen werden.

Ich glaube,
Julia sollte befördert
werden.

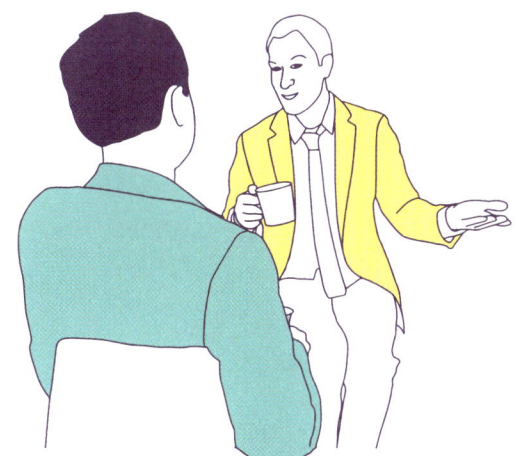

Eine Beförderung anzusprechen ist riskant, weil du Gefahr läufst, macht-hungrig, opportunistisch und durchschaubar zu wirken. Frag lieber einen (selbstverständlich männlichen) Kollegen, ob er nicht deinen Namen ins Spiel bringen könnte. Am besten sagt er, dass du für die Position ideal wärst, auch wenn du sie eigentlich gar nicht willst. Das erhöht deine Chancen.

Ignoriert werden

BEDROHLICH

HARMLOS

Entschuldigung,
kann ich mich
vorstellen?

Hallo in die Runde!! 😊 😊
Ich habe vorhin die
Gelegenheit verpasst,
mich vorzustellen, aber
ich war auch in
dem Meeting!!! 😊 😊 😊

Manchmal wird zu Beginn eines Meetings nicht jeder Teilnehmer vorgestellt. Du darfst das nicht persönlich nehmen, auch wenn es dir ständig passiert, und vor allem darfst du das Meeting nicht aufhalten, weil du dich noch schnell vorstellen willst. Schreib lieber im Anschluss eine kurze Mail, dann kommst du auch nicht so selbstgefällig rüber.

Unterbrochen werden

Kann ich
meinen Punkt zu
Ende führen?

Wenn du unterbrochen wirst, bist du vielleicht versucht, einfach weiter-
zusprechen oder sogar zu fragen, ob du zu Ende bringen kannst, was du eben
ausführen wolltest. Das ist vermintes Gebiet. Hör stattdessen einfach auf zu
sprechen. Der Weg des geringsten Widerstandes ist Schweigen.

Zusammenarbeit

BEDROHLICH   **HARMLOS**

Normal tippen   Mit einem Finger tippen

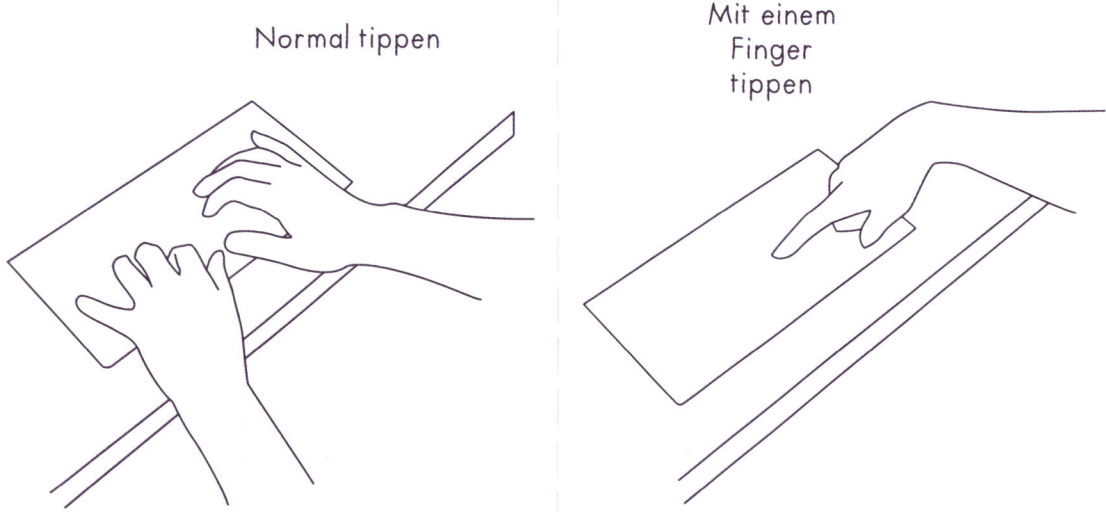

Wenn du mit männlichen Kollegen zusammenarbeitest, nutze beim Tippen nur einen Finger. Können und Schnelligkeit sind krasse Abtörner.

Anderer Meinung sein

BEDROHLICH   *HARMLOS*

Diese Strategie wird unser Problem nicht lösen.

Doch.

Diese Strategie wird unser Problem nicht lösen.

Oh, ok.

Wenn nichts anderes mehr greift, musst du dir einen Schnorres aufkleben, damit du als männlicher wahrgenommen wirst. Damit hat sich dann auch jegliche Notwendigkeit erledigt, deinen Führungsstil zu verändern. Mit ein bisschen Glück wirst du sogar ganz schnell befördert.

Fazit

Viele Frauen haben geschnallt, worum es bei Erfolg geht: Talente, Fähigkeiten und Selbstbewusstsein geheim halten, dann wirkt man auch nicht bedrohlich. Heldinnen tragen nämlich keine Umhänge.

ÜBUNG: *SO HÄTTE ICH ES BESSER SAGEN KÖNNEN*

Wir alle kennen berufliche Situationen, in denen wir viel bedrohlicher rübergekommen sind, als es gut gewesen wäre. Erinnere dich an solche Momente und überlege, was du stattdessen besser mal gesagt hättest.

SO HÄTTE ICH ES BESSER SAGEN KÖNNEN

ÜBUNGSBLATT

WAS ICH GESAGT HABE	WAS ICH HÄTTE SAGEN SOLLEN
Ich kriege die Präsentation allein gewuppt.	Ich würde mich total über deine Hilfe freuen, weil du viel mehr weißt als ich.

PAUSE

Ein paar leere Seiten zum Kritzeln, während Männer Dinge erklären

Wenn Männer reden, ist es wichtig, sie ausreden zu lassen. Ja – auch, wenn du das alles schon gehört hast, oder es nicht relevant ist, oder offensichtlich niemand zuhört, oder sie etwas erklären, wovon sie keine Ahnung haben, oder sie ihren Standpunkt schon vor 20 Minuten deutlich gemacht haben und seitdem immer wieder das Gleiche sagen, nur mit anderen Worten.

Damit du dich währenddessen nicht zu Tode langweilst, hast du hier ein paar leere Seiten zum Kritzeln.

EGAL, WAS DU TUST,

tu es
mit
Leidenschaft.

ODER WOMIT
AUCH IMMER.

Gaslighting für Anfänger

Gaslighting ist eine Form der Gesprächsführung, bei der dir so lange das Gefühl vermittelt wird, du seist verrückt, bis du anfängst, verwirrt alles infrage zu stellen, woran du vorher geglaubt hast, und letztendlich allem zustimmst, was dein Gegenüber sagt. Klingt vertraut? Nein? Bist du dir sicher? Weißt du überhaupt, worum es gerade geht? Merkst du, was ich gerade mit dir gemacht habe?

Diese streng geheime Bedienungsanleitung bekommen alle Männer, sobald sie einen neuen Job anfangen. Hier erhältst du einen exklusiven Einblick, wie Männer diese Taktik anwenden und wie auch du sie zu deinem Vorteil nutzen kannst. Vorausgesetzt, du bekommst irgendwann mal die Chance dazu.

Wenn dir eine Frage gestellt wird, beantworte eine ähnliche, aber einfachere Frage.

Wie werden wir Interaktionen messen?

Naja, wir werden offensichtlich mit Tabellen arbeiten müssen.

Wichtig ist, dass du so herablassend wie möglich antwortest,
damit sich dein Kollege schämt, so eine dumme Frage gestellt zu haben,
und in Zukunft zweimal überlegt, bevor er dich etwas fragt.

Wenn du bei einem Thema ahnungslos bist, tue so, als sei es irrelevant.

Wir müssen unsere KPI identifizieren.

Ach, das ist erst mal zweitrangig.

Bevor du zugibst, dass du etwas nicht weißt, sag einfach, dass es für die Diskussion nicht relevant ist. Auch, wenn es für die Diskussion relevant ist.

Wenn du Anweisungen gibst, bleib absichtlich vage und gib dann dem anderen die Schuld, weil er es nicht verstanden hat.

Gib vage Anweisungen oder welche, die man unmöglich befolgen kann, und erkläre nichts weiter dazu. Wenn dein Kollege dann unweigerlich verkackt, gibst du ihm die komplette Schuld, weil er es nicht hingekriegt hat.

Schau auf dein Handy, während dein Kollege mit dir spricht.

Sprich weiter, ich multitaske.

Sobald ein Kollege mit dir spricht, hol dein Handy raus und schau dir irgendwas im Internet an. Lach zwischendurch vielleicht zwei-, dreimal laut. Das vermittelt deinem Kollegen das Gefühl, dass es total unwichtig ist, was er sagt.

Wenn dein Kollege etwas moniert, sprich etwas anderes an, worüber er sich viel mehr Sorgen machen sollte.

Ich hab Sorge, dass unsere Quartalsplanung nicht funktionieren wird.

Du solltest dir lieber mal unsere wöchentlichen Zahlen anschauen.

Gelegentlich äußert ein Kollege völlig zu Recht seine Bedenken. Kontere in so einem Fall mit einem vollkommen anderen Thema, über das er sich stattdessen Sorgen machen sollte. Wenn dann das, was er eingangs thematisierte, zu einem echten Problem wird, wirf ihm vor, dass er es nicht früher angesprochen hat.

Behaupte, dass eine Frage bereits beantwortet wurde, obwohl es nicht stimmt.

Okay, was ist denn jetzt unsere Content-Strategie?

Ich glaube, wir haben das Thema Content-Strategie schon zur Genüge durchgekaut. Lasst uns mal zum nächsten Punkt kommen.

Am einfachsten treibst du einen Kollegen in den Wahnsinn, indem du tust, als ob er nichts Neues zur Diskussion beiträgt und alle Punkte, die er anbringt, längst besprochen worden seien.

Dreh Menschen einfach das Wort im Mund um.

Wenn wir den Onboarding-Prozess umkehren, werden wir auf jeden Fall mit weniger Abos rechnen müssen.

Also, du meinst, wir sollten den Onboarding-Prozess umkehren?

„Wiederhole", was dein Kollege sagt, aber dreh ihm dabei das Wort im Mund um. Er wird denken, dass er unfähig ist, vernünftig zu kommunizieren. Sollte er versuchen, dich zu korrigieren, schlägst du ihm vor, mal 'nen Kommunikationskurs zu besuchen.

Wenn jemand eine gute Idee hat, tu so, als ob sie zu unrealistisch sei, um sie später als deine eigene zu verkaufen.

Wir sollten unser Werbesystem umgestalten.

Was, bist du irre? Das ist doch viel zu aufwendig.

Ganz ehrlich, vielleicht sollten wir unser Werbesystem umgestalten.

Wenn dir ein Kollege unter vier Augen von einer genialen Idee erzählt, musst du sie erstmal als lächerlich oder unbrauchbar abtun, um sie dann später vor einem großen Publikum als deine eigene zu präsentieren. Falls der Kollege dich zur Rede stellt, behaupte einfach, du hättest gar nicht verstanden, was er gemeint hat. Schlag ihm vor, mal 'nen Kommunikationskurs zu besuchen.

Mach ne Idee nieder; wenn das Projekt den Bach runtergeht, fragst du, warum die Idee nicht ausprobiert wurde.

Das Geheimnis beim Abschmettern von Ideen ist, danach komplett zu vergessen, dass DU die Idee im Keim erstickt hast. Erinnere deine Kollegen an diese Idee, die sie hätten ausprobieren sollen, und tu so, als wäre es zu 100 % ihre Schuld, dass sie es damit nicht versucht haben. Sollten sie dich daran erinnern wollen, dass du die Idee niedergemacht hast, antworte ihnen, dass sie es ja hätten durchziehen können, wenn sie wirklich an die Idee geglaubt haben.

Wenn du eine Meinung nicht teilst, sag einfach, dass niemand diese Meinung teilt.

Ich bin der Meinung, unser Logo passt nicht zu unserem Konzept.

Also ich kenn jetzt keinen, der das so sieht.

Absolut niemand ist dieser Meinung.

Wenn ein Kollege anderer Meinung ist als du, dann schmetter es ab, indem du behauptest, dass wirklich niemand so denke. Im umgekehrten Fall, wenn jemand deiner Meinung widerspricht, sagst du: „Alle denken so wie ich." Betone, dass Entscheidungen nicht auf einer Einzelmeinung basieren sollten (außer es handelt sich um deine).

Fazit

Eine Sache solltest du im Hinterkopf behalten, wenn du Opfer von Gaslighting wirst: Je weniger du dagegen ankämpfst und je schneller du es akzeptierst, desto weniger verrückt kommst du rüber. Irgendwann wird dir bewusst, dass du gar nicht verrückt bist. Dann kannst du klarstellen, dass deine Frage im Meeting absolut berechtigt war und dass alle anderen eigentlich dieselbe Frage hatten und genauso verwirrt waren wie du. Aber mache das möglichst diskret. Zum Beispiel mit einer anonymen Grußkarte. Oder schnitze deine Klarstellung heimlich ins Leberwurstbrot des Gaslighters.

ÜBUNG: *SCHUTZ VOR GASLIGHTING*

Du wirst automatisch Gedanken der Selbstbestätigung entwickeln, wenn jemand dich gaslightet. Die halten dich davon ab, komplett durchzudrehen. Das ist super. Allerdings darfst du diese Gedanken niemals laut aussprechen, weil du dadurch zu bedrohlich wirken würdest. Nutze stattdessen dieses Arbeitsblatt: Füge jedem selbstbestätigenden Gedanken einen anderen hinzu, der dir dabei helfen wird, Gaslighting schweigend hinzunehmen.

SCHUTZ VOR GASLIGHTING

ARBEITSBLATT

Meine Meinung ist stichhaltig   aber ich behalt sie für mich

Diese Frage ist absolut berechtigt   aber ich stelle sie später. Jemand anderem.

Ich bin nicht verrückt   aber ich klinge gleich so, wenn ich weiterrede

Ich bin nicht die Einzige, die so denkt   aber ist ja egal

Das ergibt keinen Sinn

Ich weiß, wovon ich spreche

Die sollten mir mal zuhören

Ich weiß, dass ich das richtig in Erinnerung habe

Ich spreche doch keine andere Sprache

Ich weiß, dass er mich gehört hat

Ich weiß, dass ich recht habe

Ich weiß, was ich tue

Das habe ich doch eben beantwortet

Das ist der falsche Weg

Was ich sage, ergibt Sinn

DU
überlebst
100%
ALLER NETWORKING-EVENTS,
DIE DU NICHT
besuchst.

Wie du dich sexuell belästigen lässt, ohne seiner Karriere zu schaden.

Sexuelle Belästigung am Arbeitsplatz ist ein ernst zu nehmendes Vergehen und darf niemals toleriert werden. Außer, wenn es halt ein Witz war und du dich mal locker machen solltest.

Im Sinne eines Arbeitsumfelds, in dem Belästigung folgenlos bleibt, gibt es hier ein paar Tipps, wie du es umgehen kannst, sexuelle Belästigung zu melden, und damit dir, deinem Unternehmen und vor allem der Karriere deines Aggressors viel Leid ersparst.

Der ewige Kreislauf sexueller Belästigung

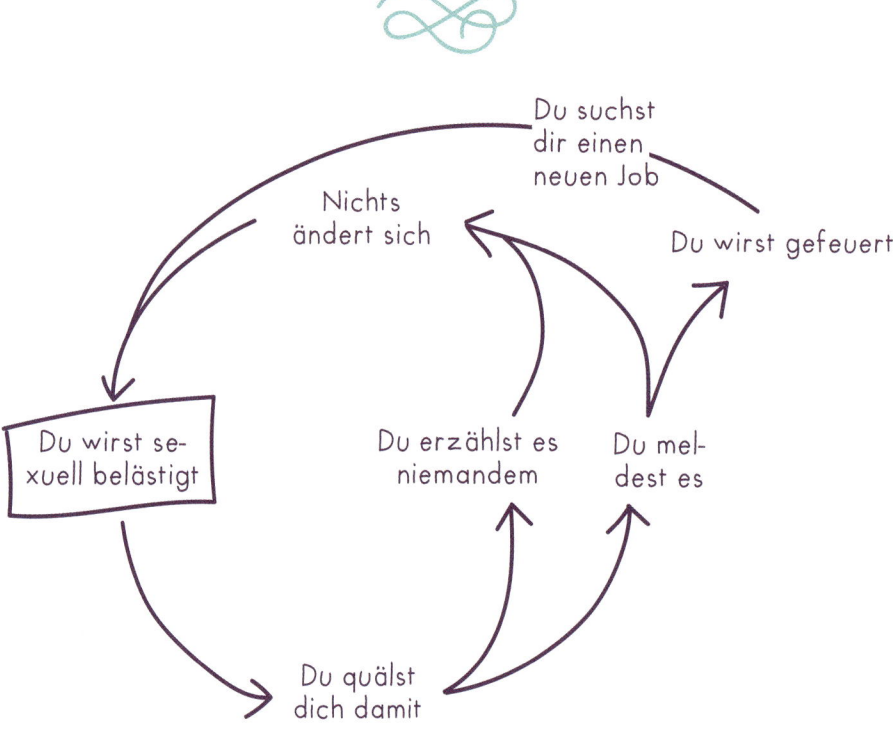

Manche sagen, einmal belästigt zu werden, ist schon schlimm genug und reicht vollkommen, aber in der Realität würde das ja die ganze Industrie gefährden. Spiel also erst mal für ein paar Durchgänge im Belästigungskreislauf mit, bevor du dir überlegst, ob du dagegen einschreiten möchtest.

Wer für Belästigung verantwortlich ist

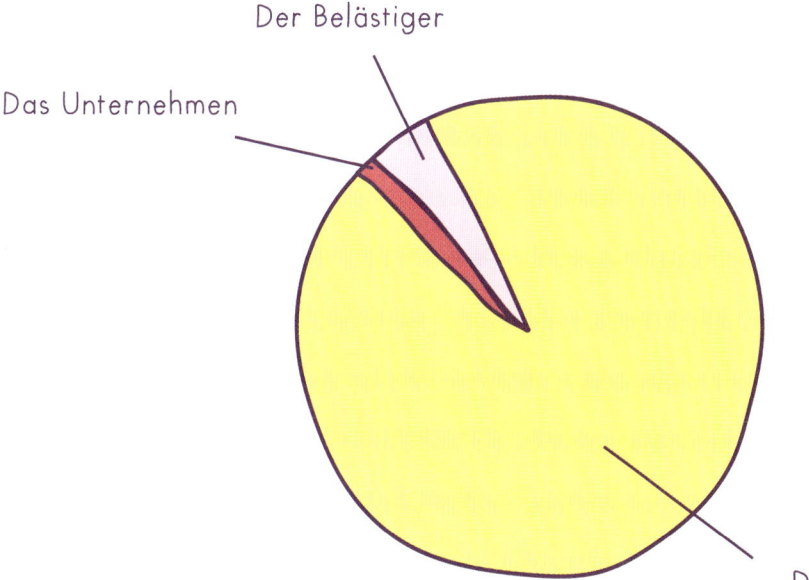

Der Belästiger

Das Unternehmen

Du

Verantwortung zu übernehmen ist das A und O.
Insbesondere deine Verantwortung bei der
ganzen Geschichte.

Selbstschutz

Schütze dich vor Belästigung, indem du die No-go-Areas respektierst.

SCHREIBTISCH: Vermeide es, zu lange an deinem Schreibtisch sitzen zu bleiben. Nicht, dass du zum Ziel ungewollter Massagen wirst.

DRUCKER: Verwandle den Drucker in einen mobilen Stehschreibtisch, der von allen Seiten gut einsehbar ist.

PAUSENRAUM: Rein und gleich wieder raus. Andernfalls steht man da ganz schnell mit dem Rücken zur Wand.

KONFERENZRAUM: Glücklicherweise kriegst du in großen Konferenzräumen nur halbherzig getarnte, verbale Aggressionen ab.

WC: Die hinterste Klokabine ist ein sicherer Ort, um dich zu verstecken und zu heulen.

EMPFANG: Hier hast du immer einen Zeugen, falls was passieren sollte. Es sei denn, du bist selbst die Empfangsmitarbeiterin.

SERVERRAUM: Gehe niemals mit Matthias in den Serverraum. Er wird behaupten, dass er Drucker-papier holen will – das wird aber gar nicht dort aufbewahrt. Moment ... arbeitet Matthias überhaupt noch hier?

BETRIEBSAUSFLÜGE: Eine tolle Gelegenheit, sich bei einem Drink besser kennenzulernen und durch wiederholtes Belästigtwerden eine engere Beziehung zu Kollegen aufzubauen.

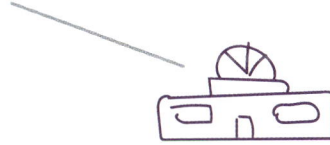

Erste Hilfe bei Belästigung

Mit diesem Spickzettel bist du gegen die gängigsten Belästigungen im Büro gewappnet.

INTENSIVER AUGENKONTAKT

Wenn dich jemand besonders lange anstarrt, fordere ihn zu einem Blickduell heraus. Verwandle die Situation in ein lustiges Spiel und lass den Belästiger gewinnen, damit du schnellstmöglich den Raum verlassen kannst.

WANGE BERÜHREN

Falls dir jemand voll gruselig ins Gesicht fasst, bleibt dir nichts anderes übrig, als zu lachen und dabei den Kopf in den Nacken zu werfen. Riskiere dabei bitte kein Schleudertrauma oder andere Verletzungen der Halswirbelsäule.

AN DEN HAAREN SCHNUPPERN

Falls jemand an deinen Haaren riecht oder sie berührt, ohne vorher zu fragen, schubst du die Schnüffelnase vorsichtig weg, indem du deinen Kopf zur Seite drehst – und natürlich dabei lachst.

NACKEN UND SCHULTERN

Ungebetene Nackenmassage? Verkrampfe dich, ziehe deine Schultern hoch und beuge dich im 30°-Winkel vom Belästiger weg, während du deine schmerzhafte Gewebemassage letztes Wochenende erwähnst.

AM ELLBOGEN GREIFEN

Falls jemand versucht, dich am Ellbogen in eine Richtung zu bugsieren, holst du dein Handy raus, damit du eine elegante Ausrede hast, deinen Ellbogen aus dem Griff zu winden.

AM RÜCKEN KRIBBELN

Reagiere auf das berüchtigte Rückenkribbeln, indem du ganz schnell einen Buckel machst. Lachen dabei nicht vergessen!

KLAPS AUF DEN PO

Einem Klaps sollte man mit einem kurzen Lachen und vielleicht einem deutlich vernehmbaren „Hey!" begegnen, während man die Hand wegschlägt. Merke: Niemals mit dieser Person allein im Raum aufhalten!

OBERSCHENKEL AN OBERSCHENKEL

Jemand berührt deinen Oberschenkel mit seinem Oberschenkel? Inszeniere einen unkontrollierbaren Hustenanfall. Sag, dass du dir übers Wochenende bestimmt was eingefangen hast. Ein entschuldigendes Lächeln ist anschließend angebracht.

HÄNDCHEN HALTEN

Falls jemand deine Hand nimmt, zieh sie zurück und lache, während du erwähnst, dass du einfach immer schwitzige Handflächen hast.

UM DIE TAILLE FASSEN

Wenn dich jemand um die Taille fasst, dreh dich schwungvoll weg und täusche dabei einen neuen Tanzmove vor.

KNIE-GRABSCHER

Legt jemand seine Hand auf dein Knie, fällt dir plötzlich ein, dass du ganz dringend in ein Meeting musst – und dann nichts wie weg.

FÜSSELN

Wenn jemand unter dem Konferenztisch mit dir füßelt, erzählst du als Ausrede irgendwas über deine neuen, super unbequemen Schuhe und änderst deine Sitzposition.

Lass dich nicht von Leistungsträgern belästigen!

„Wir können da leider wenig machen, weil er so wichtig fürs Unternehmen ist."

Wenn du dich schon belästigen lässt, dann achte doch wenigstens darauf, dass es nicht von einem hoch angesiedelten Mitarbeiter der Firma ist. Kaum auszumalen, wie viel Geld, Nerven und Zeit du deine Firma damit kosten würdest.

Konsequenzen sind direkt an Leistung und Stellung im Unternehmen gekoppelt.

Bedenke Folgendes: Je wichtiger der Leistungsträger ist, desto ungeheuerlicher muss die Belästigung sein, um überhaupt als solche wahrgenommen zu werden. Unabhängig davon wirst anschließend sowieso du dafür gerügt werden, dass es zu dem Vorfall kommen konnte.

War es wirklich sexuelle Belästigung?

Ganz oft denken wir, wir wären sexuell belästigt worden, obwohl dem gar nicht so ist. Hier findest du einige Beispiele, was sexuelle Belästigung ist und was nicht.

BELÄSTIGUNG	KEINE BELÄSTIGUNG
Unerwünschte Berührung	Unerwünschte Berührung, die aber harmlos und kollegial gemeint war
Unangemessene Spitznamen	Unangemessene Spitznamen, die witzig gemeint sind und/oder irgendwie auch treffend
Langes Anstarren	Langes Anstarren, wenn dein Oberteil auffällig ist
Anzügliche Mails	Anzügliche Mails, die mit einem Smiley enden

BELÄSTIGUNG	KEINE BELÄSTIGUNG
Kolleginnen mit Strippe-rinnen vergleichen	Kolleginnen ganz leise mit Stripperinnen vergleichen, so als sei es nicht gewollt, dass be-sagte Kollegin es hören kann
Gerüchte über eine Kollegin verbreiten	Gerüchte über eine Kollegin verbreiten, die wahrschein-lich sowieso bald kündigt
Ständig nach einem Date fragen	Ständig nach einem Date fragen, wenn du nicht bestimmt genug „Nein!" gesagt hast
Eklige Kommentare über den Körper oder die Kleidung	Eklige Kommentare über den Körper oder die Kleidung gefolgt von der Aufforderung, dass du dich ja gerne mit nem Spruch revanchieren kannst
Körperteile entblößen	Körperteile versehentlich entblößen
Sexuelle Gefälligkeiten als Gegenleistung für einen Karriereboost einfordern	Als Mentor sexuelle Gefällig-keiten als Gegenleistung für einen Karriereboost einfordern

Sammle Beweise und behalte sie für dich.

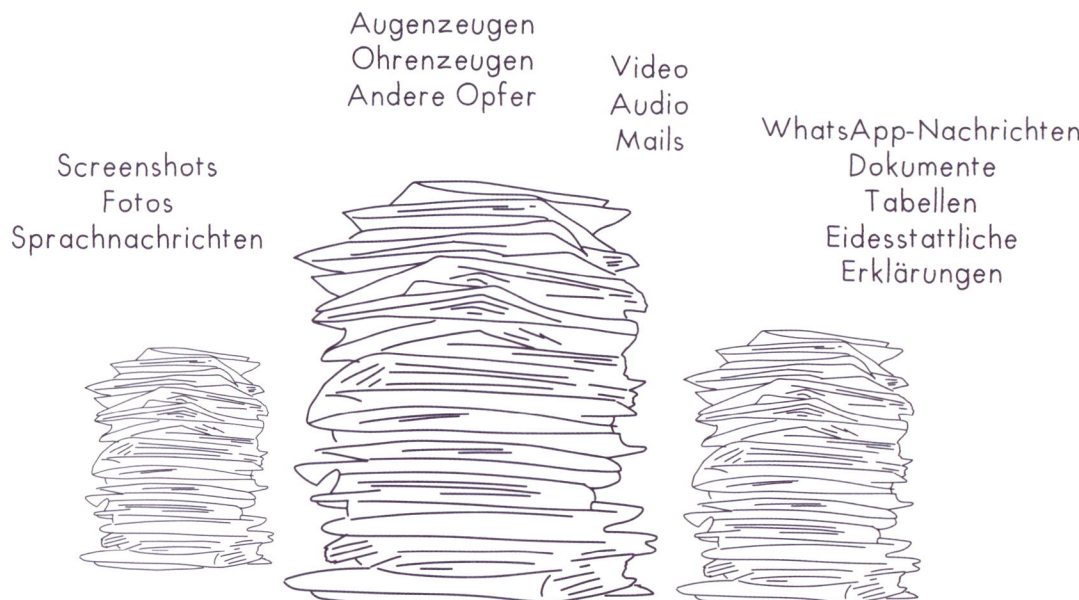

Augenzeugen
Ohrenzeugen
Andere Opfer

Video
Audio
Mails

WhatsApp-Nachrichten
Dokumente
Tabellen
Eidesstattliche
Erklärungen

Screenshots
Fotos
Sprachnachrichten

Falls du glaubst, sexuell belästigt worden zu sein, musst du so viel
Beweismaterial wie möglich sammeln. Anschließend hältst du das
Material entweder unter Verschluss oder teilst es heimlich mit anderen.
Dir sollte bewusst sein, dass du mit unternehmensinternen
Konsequenzen rechnen musst, sollte es einen Hinweis darauf geben,
dass du Belastungsmaterial sammelst.

Sei offen für notwendige Veränderungen.

Sobald du eine sexuelle Belästigung meldest, musst du bitte flexibel auf eventuelle Veränderungen reagieren. Das kann den Wechsel deiner Position betreffen, deines Tisches, des Büros, Projektes, Teams, des Unternehmens und/oder deiner beruflichen Ausrichtung.

Fazit

Im Falle von sexueller Belästigung musst du dich häufig entscheiden, ob du das Richtige tun oder lieber cool sein willst. Selbstverständlich wählst du Letzteres. Frag dich Folgendes: Wie kann ich meine persönliche Sicherheit zugunsten einer coolen und entspannten Arbeitsatmosphäre opfern? Wenn du sexuelle Belästigung dennoch meldest, dann stelle dich schon mal darauf ein, die komplette Verantwortung für die Taten deines Belästigers zu übernehmen. Es handelt sich dabei übrigens nicht um Täter-Opfer-Umkehr, denn du bist kein Opfer. Du bist eine Überlebende. Es ist also – wenn überhaupt – Täter-Überlebende-Umkehr.

ÜBUNG: DOKUMENTATION VON SEXUELLER BELÄSTIGUNG

Es ist überhaupt nichts dabei, sexuelle Belästigung zu dokumentieren, solange du darauf achtest, weder den Belästiger noch das Unternehmen in irgendeiner Weise schlecht dastehen zu lassen. Diese Übung hilft dir dabei, die erlebte Belästigung einzuordnen: als Witz, als kleinen Spaß unter Kollegen oder welche Scheißausrede du dir sonst noch anhören darfst.

SEXUELLE BELÄSTIGUNG

DOKUMENTATION

WAS IST PASSIERT?
Beschreibe den Vorfall und kategorisiere
ihn dann als Witz, kleinen Spaß unter
Kollegen oder eine andere Scheißausrede.

	BLOSS EIN WITZ	KLEINER SPASS UNTER KOLLEGEN	ANDERE SCHEISS-AUSREDEN

Bonusmaterial

PERSONALGESPRÄCH: LEGENDE

ARBEITET HART	=	Bringt nie irgendwas zu Ende
GUTE EINSTELLUNG	=	Nimmt vermutlich Drogen
STARK IN DER KOMMUNIKATION	=	Soll mich nicht mehr mit Mails belästigen
KREATIVE LÖSUNGEN	=	Schafft viele Probleme
TEAMPLAYER	=	Lässt andere für sich arbeiten
ERGEBNISORIENTIERT	=	Lässt zum eigenen Vorteil jeden über die Klinge springen
EXZELLENTES ZEITMANAGEMENT	=	Liest und beantwortet Mails in Meetings
LEIDENSCHAFTLICH	=	Unterbricht ständig
DETAILORIENTIERT	=	Hat absolut keinen Plan, was wir hier machen
PÜNKTLICH	=	Lässt den Stift um 17:00 Uhr fallen

Bonusmaterial

MEETINGS: REALISTISCHE TAGESORDNUNG

14:00 UHR	Es ist noch keiner da.
14:02 UHR	Jemand taucht auf, geht aber wieder, weil ja noch keiner da ist.
14:06 UHR	Es sind alle da bis auf „die wichtige Person".
14:07 UHR	Die wichtige Person taucht auf, entschuldigt sich für die Verspätung und beschwert sich gleich darauf, dass es keine Tagesordnung gibt.
14:08 UHR–14:15 UHR	Es gibt Probleme beim Versuch, die Präsentation zu starten.
14:16 UHR–14:17 UHR	Jemand versucht, die zugeschaltete Person dazu zu kriegen, ihr Mikro stummzuschalten.
14:18 UHR–14:27 UHR	Alle versuchen, den Zweck des Meetings zu verstehen.
14:28 UHR	Jemand schneit rein und fragt, was bisher besprochen wurde.
14:29 UHR	Die wichtige Person verlässt das Meeting ohne Erklärung.
14:30 UHR	Das Meeting wird verschoben. Jemand schlägt ein Follow-up vor.

GEH DEINEN WEG

und

vergleich dich

NICHT MIT ANDEREN, DIE JÜNGER,

schöner, reicher, schlauer

und insgesamt

VIEL TOLLER

SIND ALS DU

Wähle dein eigenes Abenteuer: Willst du erfolgreich sein oder gemocht werden?

Der ewige Teufelskreis, in dem weibliche Führungskräfte gefangen sind, ist leicht identifiziert: Um erfolgreich zu sein, müssen dich die Menschen mögen. Um gemocht zu werden, musst du deinen Erfolg runterspielen.

In diesem Kapitel kannst du in der Theorie durchspielen, was deine Entscheidungen bedeuten und ob du am Ende erfolgreich oder beliebt sein wirst. Beides geht leider nicht. Bist du bereit für das Abenteuer deines Lebens? Oder zumindest der nächsten zwei Minuten? Los geht's!

Eine Teamleitungsposition
wird frei. Was machst du?

A

Du sagst deinem Vorgesetzten, dass du gerne für die Stelle in Betracht gezogen werden willst.

B

Du tust so, als ob du überhaupt keine Lust auf diese Position hättest (auch wenn du sie unbedingt willst).

WEITER AUF SEITE 147

WEITER AUF SEITE 148

Dein Vorgesetzter hält eine Beförderung zwar für unwahrscheinlich, ermutigt dich aber trotzdem, es zu probieren. Du ...

A

sammelst ganz viele Empfehlungs-schreiben und setzt einen langwie-rigen, ultrapräzisen Lebenslauf mit jeglicher Projekterfahrung auf.

B

fängst den Bewerbungsprozess an, gibst aber mittendrin auf, weil es eh unwahrscheinlich ist, dass du befördert wirst.

WEITER AUF SEITE 149

WEITER AUF SEITE 148

Thomas kriegt die Stelle und ist jetzt dein Chef. Er bittet dich ständig um Rat. Du …

A

gibst ihm hilfreiche Tipps und hältst ihm, sooft es geht, den Rücken frei.

B

hilfst ihm ganz bestimmt nicht.

WEITER AUF SEITE 150

WEITER AUF SEITE 151

Du wurdest befördert! Aber dein Team ist alles andere als begeistert. Du ...

A

sagst ihnen, dass sie mal klarkommen sollen.

B

spielst deine Autorität runter, damit es wirkt, als hättest du eh nicht viel zu melden.

WEITER AUF SEITE 152

WEITER AUF SEITE 154

Mittlerweile machst du eigentlich den Job von Thomas, ohne dafür entsprechend bezahlt zu werden. Du ...

A

wechselst in ein anderes Team, auch wenn du dort eine niedrigere Position hast.

B

beschwerst dich bei Thomas' Chef.

WEITER AUF SEITE 154

WEITER AUF SEITE 153

Thomas macht keinen besonders guten Job und wird schnell abgesägt. Die Stelle wird dir angeboten. Du ...

A

nimmst das Angebot an, auch wenn jetzt alle denken, dass du der Grund für Thomas' Abgang bist.

WEITER AUF SEITE 155

B

lehnst das Angebot ab, um keine Unruhe ins Unternehmen zu bringen.

WEITER AUF SEITE 154

Ein Kollege untergräbt bei jeder Gelegenheit deine Autorität und liebäugelt ganz offensichtlich mit deinem Job. Du ...

A

wirst ihn los.

B

nimmst dir eine längere Auszeit, sodass er sich deine Position schnappen kann.

WEITER AUF SEITE 155

WEITER AUF SEITE 154

Der Chef deines Chefs will dich nicht verlieren, also bekommst du eine Gehaltserhöhung. Jetzt hat Thomas dich auf dem Kieker. Du ...

A

beschließt, eine höhere Position in einem anderen Team anzunehmen.

WEITER AUF SEITE 155

B

gibst auf und lässt Thomas die Lorbeeren für deine harte Arbeit ernten.

WEITER AUF SEITE 154

Du bist beliebt!

Du hast deine Karriere geopfert, aber hey, Kopf hoch, dafür
hast du jetzt super viele Freunde, die dir beim Umzug in eine
günstigere Wohnung helfen können.

Du bist erfolgreich!

Du hast so hart gearbeitet und darfst stolz auf deinen Erfolg sein.
Auch wenn niemand mehr mit dir die Mittagspause verbringen will
und dir keiner mehr seine ehrliche Meinung sagt.

Fazit

Du gehst wahrscheinlich durch verschiedene Phasen, in denen du mal erfolgreich, aber nicht besonders beliebt bist, dann wieder beliebt, aber weniger erfolgreich, oder du bist beides: nicht erfolgreich und auch nicht beliebt. Eines Tages jedoch wirst du aufwachen und dir ist plötzlich scheißegal, ob du erfolgreich oder beliebt bist. An diesem Tag wirst du gleichzeitig der erfolgreichste und beliebteste Mensch sein. Zumindest für dich selbst.

ÜBUNG: *WAS WIRKLICH ZÄHLT*

Falls sich mal wieder Machthunger in dir regt, lohnt es sich, kurz innezuhalten und dir bewusst zu machen, was alles wichtiger ist als dein persönlicher Erfolg: z. B. von anderen gemocht zu werden, niemandem zu nahe zu treten, dass unsichere Männer dich attraktiv und süß finden usw. In dieser Grafik haben all diese Dinge Platz.

WAS WIRKLICH ZÄHLT

ORGANIGRAMM

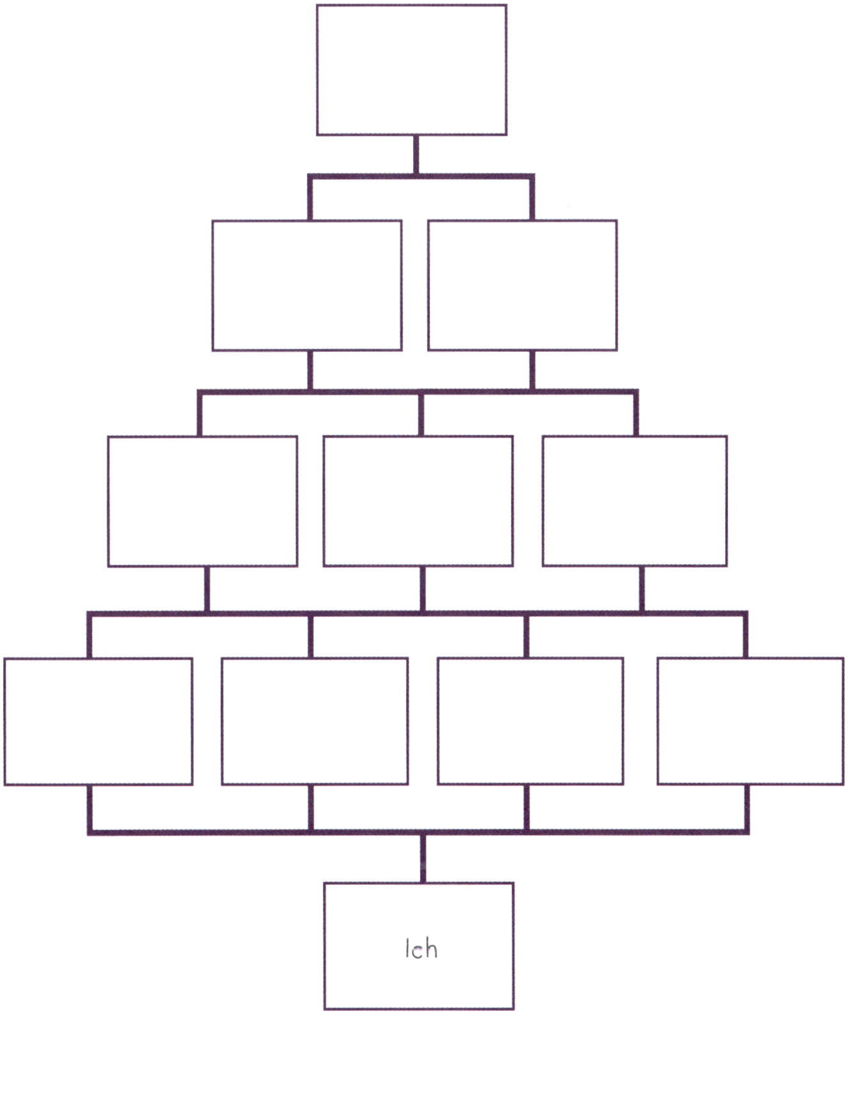

Ich

BEGINNE JEDEN TAG

MIT EINEM

positiven
Gedanken

WIE:

Ich will sofort zurück

INS BETT

KAPITEL 10: VERBÜNDETE

Verdienstabzeichen für Männer

Bei unserem höflichen Ersuchen um Gleichberechtigung brauchen wir Verbündete. Für Frauen, die nicht einschüchternd sein wollen, ist der beste Weg, um Verbündete zu gewinnen, positive Verstärkung. Was heißt das genau? Gib dir etwas Mühe, über alle hirnlosen, peinlichen und unfassbaren Dinge, die Männer so tun, hinwegzusehen. Überschütte sie stattdessen mit Lob für das, was sie nicht falsch machen. Ja, auch für Kleinigkeiten, die eigentlich selbstverständlich sein sollten.

Lasst uns der Realität ins Auge blicken, Ladys: Wir müssen echt alles nehmen, was wir kriegen können. Also lasst es uns abfeiern, als ob es kein Morgen gäbe, wenn ein Mann die Grundregeln menschlichen Anstands befolgt. Und zwar mit diesen Verdienstabzeichen für Männer.

HAT WENIGER ALS

95%

DES MEETINGS GEREDET

HAT EINE FRAU WIE EINEN

MENSCHEN BEHANDELT

HAT NUR EINMAL

Naja, eigentlich

GESAGT

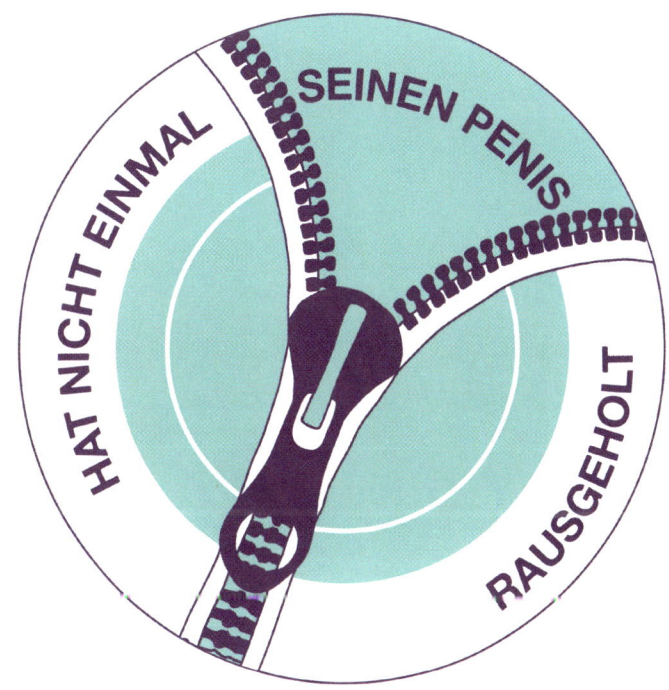

HAT NICHT EINMAL SEINEN PENIS RAUSGEHOLT

HAT DIE MÄNNERGRIPPE ÜBERLEBT

HAT EIN ARSCHLOCH ALS ARSCHLOCH BEZEICHNET

HAT ALS TEAMEVENT KEINEN STRIP CLUB VORGESCHLAGEN

HAT DIE HEIZUNG ÜBER 16 GRAD GEHABT

16°
C

HAT DIE IDEE IN ERWÄGUNG gezogen, DASS DIE Möglichkeit BESTEHT, dass SEXISMUS EXISTIERT

HAT EINE AUSREDE WENIGER FÜR DAS EKLIGE VERHALTEN SEINES FREUNDES VORGEBRACHT

HAT NUR EIN MINIMUM AN HIGH FIVES GEGEBEN

HAT MITTENDRIN AUFGEHÖRT, ETWAS ZU ERKLÄREN, WOVON ER KEINE AHNUNG HAT

HAT EINE MINUTE LÄNGER ALS SONST

GEWARTET, BEVOR ER SEINE KOLLEGIN UNTERBROCHEN HAT

HAT AUF SEINE KINDER AUFGEPASST

UND ES NICHT ALS BABYSITTING BEZEICHNET

HAT JEMAND ANDEREM DAS LETZTE WORT GELASSEN

HAT SICH GEFRAGT, OB ES AUSNAHMSWEISE MAL NICHT UM IHN GEHT

Fazit

Wenn du einem Mann begegnest, dem die außerordentliche Ehre gebührt, alle diese Verdienstabzeichen verliehen zu bekommen – Obacht! Es könnte sich um eine Frau handeln. Oder einen Roboter. Oder einen Außerirdischen.

ÜBUNG: *DIE BESTEN KOMPLIMENTE*

Männer verteilen immer die besten Komplimente, oder? Sammle auf der folgenden Seite deine Lieblingskomplimente und notiere, welche dir am meisten geschmeichelt haben.

DIE BESTEN KOMPLIMENTE

TRACKER

Wow, du siehst null aus wie ein Softwareentwickler!

Hübsch UND schlau!

Eine Frau mit Grips!

Wir brauchen mehr Mädels wie dich!

Du bist viel zu hübsch für diesen Job!

Das ist so toll, wie du trotz Kindern deinen Job hinkriegst!

Bonusmaterial

E-MAIL-BINGO

„Ich hoffe, es geht dir gut."	„Sorry für die Verzögerung."	„Sehe die Nachricht erst jetzt."	„Ist das noch aktuell?"	+1
„Schönen Montag*!" *oder welcher Tag auch immer	Das Wetter	ALLES IN GROẞ-BUCHSTABEN	**Wörter gefettet**	Anhang vergessen
Passiv-aggressiver Kommentar	Unnötige Emojis	FREI: Automatische Benach-richtigung	„Kurze Frage"	„Kurzes Update"
„Wollte nur mal nachhören"	„Noch mal bzgl."	„Wir können gerne dazu telefonieren."	„Danke schon mal!"	„Bitte nicht allen antworten."
„Grüße"	„Tschüß"	„Mit freundlichen Grüßen"	„Von meinem iPhone gesendet"	E-Mail-Signatur länger als die eigentliche Nachricht

Bonusmaterial

DIE FÄHIGKEIT, SICH ÜBER LÄNGERE ZEIT ZU KONZENTRIEREN

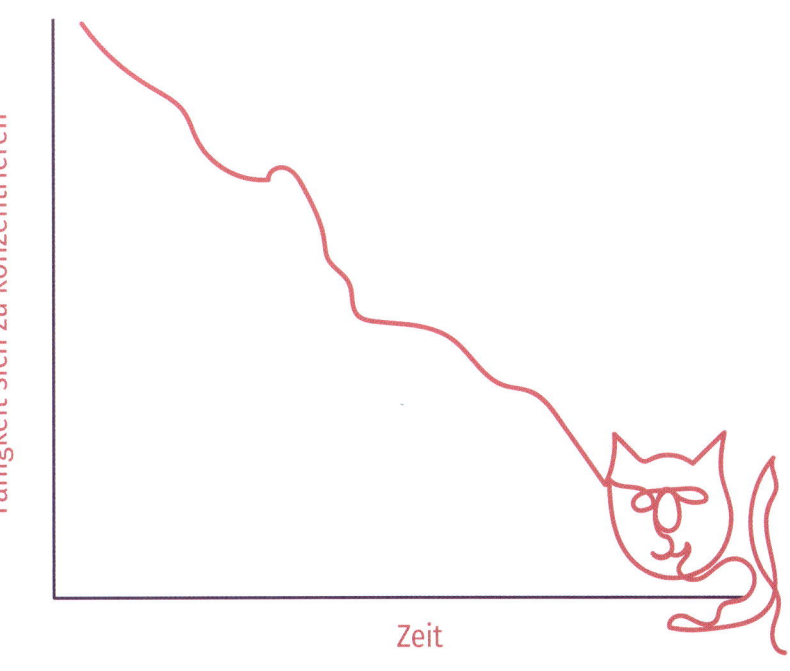

DEIN HOCHSTAPLER-SYNDROM WIRD NIEMALS gut genug sein

Die perfekte Pitch-Präsentation für Girl Bosses

Als Entrepreneurin hast du schon viel zu viel erreicht. Also für eine Frau. Diese kritische Schwelle, jenseits deren du auf Männer bedrohlich wirkst, ist längst überschritten. Du kannst jetzt im Grunde nur noch Schadensbegrenzung betreiben. Außerdem muss dir bewusst sein, dass bei Unternehmerinnen mit zweierlei Maß gemessen wird.

Um die bescheuerten Situationen zu meistern, die auf dich zukommen werden, darf dein Pitch Deck keine Angriffsfläche bieten. Hier sind zehn Folien, die in jedes Pitch Deck von Gründerinnen gehören.

ÜBER DIE GRÜNDERIN

Malena Tille, Mompreneur

Um potenzielle Investoren nicht zu verschrecken, empfiehlt sich der einfache Trick, deiner Position einen niedlichen und extrem harmlosen Namen zu geben. Dadurch behält der Investor im Hinterkopf, dass du zwar Chef bist, aber immer noch eine Frau. Hier sind ein paar Optionen:

- Girl Boss
- Lady Boss
- She-EO
- Moguline
- Chefeuse
- Mami-UnternehmerIn
- Mompreneur
- Mädchen für alles
- Zicke on Tour

ÜBER MEINEN WEIßEN, MÄNNLICHEN MITGRÜNDER

Stefan Hartmann, männlicher Mitgründer
(er ist weiß)

Investoren folgen bestimmten Mustern bei ihren Investitionsentscheidungen, und eines dieser Muster ist, dass die erfolgreichsten CEOs weiß und männlich sind (außerdem cis und hetero, aber das versteht sich ja von selbst). Damit deine Geschäftsidee glaubwürdiger und solider ankommt, solltest du dir einen weißen, männlichen Mitgründer ausdenken. Auch nach dem erfolgreichen Pitch kannst du „Stefan Hartmann" noch sinnvoll nutzen, nämlich wenn du möchtest, dass auf eine E-Mail auch geantwortet wird.

**MEIN PRODUKT:
DAS PERFEKTE HEMD FÜR KLEINE,
UNTERSETZTE MÄNNER OHNE
EIGENEN GESCHMACK**

Dein Produkt muss etwas sein, bei dem sich dein potenzieller Investor gut vorstellen könnte, es auch selbst zu nutzen. Andernfalls wird er in deiner Geschäftsidee keinen Mehrwert erkennen können. Und bevor du fragst: Nein, sie verfügen nicht über das notwendige Vorstellungsvermögen, sich in Frauen als Zielgruppe hineindenken zu können. Auch wenn Frauen die Hälfte der Bevölkerung ausmachen, gelten alle Produkte und Dienstleistungen, die für sie gedacht sind, als Nischenmarkt.

WAS DEINE FRAU ÜBER MEIN PRODUKT DENKT

„Ich find's toll!"

— Julia,
deine Frau

Falls deine Geschäftsidee sich – warum auch immer – primär an Frauen richtet, muss es etwas sein, bei dem sich der potenzielle Investor vorstellen könnte, dass seine Mutter, Freundin, Frau, Sekretärin, Friseurin oder Geliebte es nutzen würde. Um ganz sicher zu gehen, solltest du mit den genannten Frauen vorab sprechen und sie als Testimonial für dein Produkt gewinnen. Damit sparst du deinem Investor Zeit, denn er würde ohnehin unweigerlich das Bedürfnis haben, diese Personen um ihre Einschätzung zu bitten.

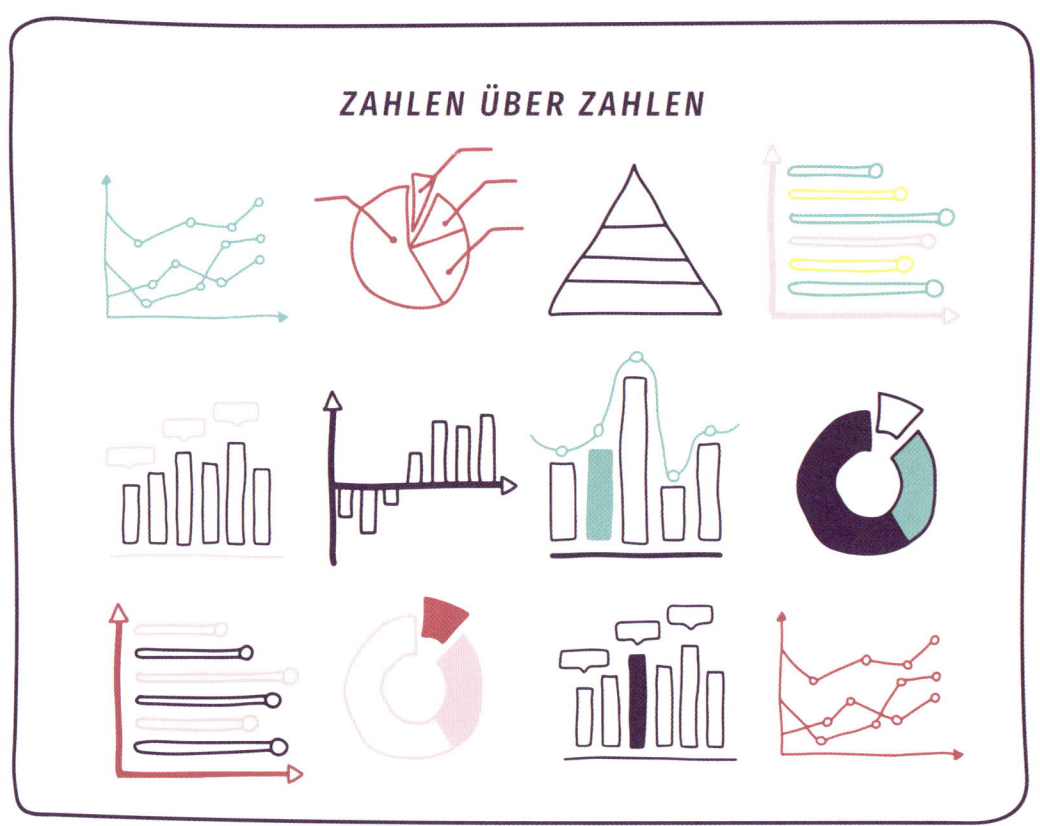

ZAHLEN ÜBER ZAHLEN

Dein männlicher Mitgründer ist erfunden und wird dich nicht zu Terminen begleiten können. Damit dir als Frau überhaupt Gehör geschenkt wird und du nicht ständig hinterfragt wirst, musst du jedes Wort mit Daten untermauern. Überschütte den potenziellen Investor mit Zahlen, Grafen, Grafiken, Koordinatensystemen und Bundesligatabellen, und er wird alles, was du sagst, durchwinken.

DIESE FOLIE IST ABSICHT-
LICH LEER GELASSEN, DAMIT
SIE GELEGENHEIT HABEN, MIR
MEIN EIGENES GESCHÄFTS-
MODELL ZU ERLÄUTERN.

Stell dich schon mal darauf ein, dass du irgendwann zuhören darfst,
wie dir deine eigene Idee erklärt wird. Sämtliche Zahlen und daten-
basierten Erkenntnisse, die du eben präsentiert hast, werden dabei
komplett ignoriert werden.

INVESTMENT: 250.000 €

€ 125.000: Online-Shop und App

€ 50.000: Personal

€ 25.000: Marketing

€ 20.000: Büroräume und Arbeitsmaterial

€ 15.000: Recruiting

€ 10.000: Pflege der Verkaufskanäle

€ 4.000: Bestellannahme und Versand

€ 1.000: Lagerkosten

Männliche Gründer marschieren in Pitches rein, verlangen 3 Mio. Euro für „Give-aways usw." und können mit der Unterstützung der anwesenden Investoren rechnen. Das wird bei dir ein kleines bisschen anders aussehen. Du musst wirklich jeden Cent deiner geplanten Ausgaben rechtfertigen können, und komm gar nicht erst auf die Idee, Give-aways aufzulisten.

ETWAS MEHR ÜBER MICH

Ich bin verheiratet

Ich wohne zur Miete

Ja, mein Mann hat einen richtigen Job

Ich bin in Kroatien geboren, aber in
der Schweiz aufgewachsen

Ich spreche Hochdeutsch ohne Akzent

Danke, mein Kleid ist von s.Oliver

Meine Tochter geht in die 3b der Käthe-Kollwitz-Grundschule

Bereite dich auf absolut irrelevante Fragen zu deiner Herkunft, deinem persönlichen Werdegang, deinem Aussehen, deinem Mann, deinen Kindern, deinem sozialen Leben und deinem Hund vor. Noch was: Übe deine künstliche Lache vor dem Spiegel, denn du kannst dich auf gnadenlos unlustige und vorhersehbare Altherrenwitze einstellen.

SICHERE MEETINGS IM RESTAURANT

Investoren sind oft etwas zurückhaltend, wenn es darum geht, mit Gründerinnen essen zu gehen, obwohl sie es ohne zu zögern mit einem männlichen Gründer tun würden. Damit sie sich keine Sorgen wegen etwaiger Belästigungsvorwürfe machen müssen, biete ihnen an, dass du Meetings außerhalb vom Büro in einer durchsichtigen Plastikkugel wahrnimmst.

Investoren erwecken gerne den Eindruck, dass ihnen Diversität ein Anliegen sei. Stelle ihnen ein hochauflösendes Foto von dir zur Verfügung, sodass sie auf ihrer Website auch eine Frau präsentieren können. Im Gegenzug treffen sie sich einmal pro Quartal mit dir, um dir nutzlose Ratschläge zu geben. Das verleiht ihnen in der Öffentlichkeit die Kredibilität, dass sie mit Gründern jenseits des Mainstreams zusammenarbeiten, ohne überhaupt in deine Idee investieren zu müssen. Ein fantastisches Verkaufsargument für dich.

Fazit

Du musst immer antizipieren, was deine Investoren wollen könnten. So steigen deine Chancen, dass sie sich wirklich für deine Geschäftsidee entscheiden. Und wenn du deinen Investoren immer einen Schritt voraus bist, dann bedeutet das, dass du nur noch 49 Schritte hinter den männlichen Gründern bist, bei denen sie bereits investiert haben.

ÜBUNG: *SPORT-METAPHERN*

Wenn du in einer Männerdomäne arbeitest, kommst du um Sport-Metaphern nicht herum. Bleib am Ball (hehe), indem du diese Ausdrücke und ihre Ursprünge auswendig lernst. Komm allerdings niemals auf die Idee, eine nicht-sportbezogene Metapher zu verwenden, die Männer wahrscheinlich nicht verstehen. Das würde sie schwer verärgern.

SPORT-METAPHERN

ARBEITSBLATT

Wir haben den Ball jetzt erst mal ins Spielfeld geschlagen	Schwimmen
Der nutzt seine Seilschaften	Fußball
Wir haben vergeblich um einen Kompromiss gerungen	Reiten
Ich hoffe, das lässt sich durchboxen	Fußball
Das wird ein Heimspiel für uns	Bogenschießen
Unser Image ist dadurch stark angeschlagen	Fußball
Jetzt müssen wir kontern	Ringen
Wenn wir jetzt einen Zwischenspurt einlegen, kann der Termin gehalten werden	Fußball
Der hat mich komplett auflaufen lassen	Bergsteigen
Ich fürchte, da hast du dich vergaloppiert	Boxen
Bloß nicht ins Abseits geraten!	Leichtathletik
Damit hat er eindeutig den Bogen überspannt	Fußball
Sehen Sie es doch als Sprungbrett für Ihre Karriere!	Fußball
Damit werden wir die Mitbewerber auf die Plätze verweisen	Reiten
Bis jetzt haben wir sämtliche Hürden genommen	Boxen
Wir sollten da am Ball bleiben	Leichtathletik

Bonusmaterial

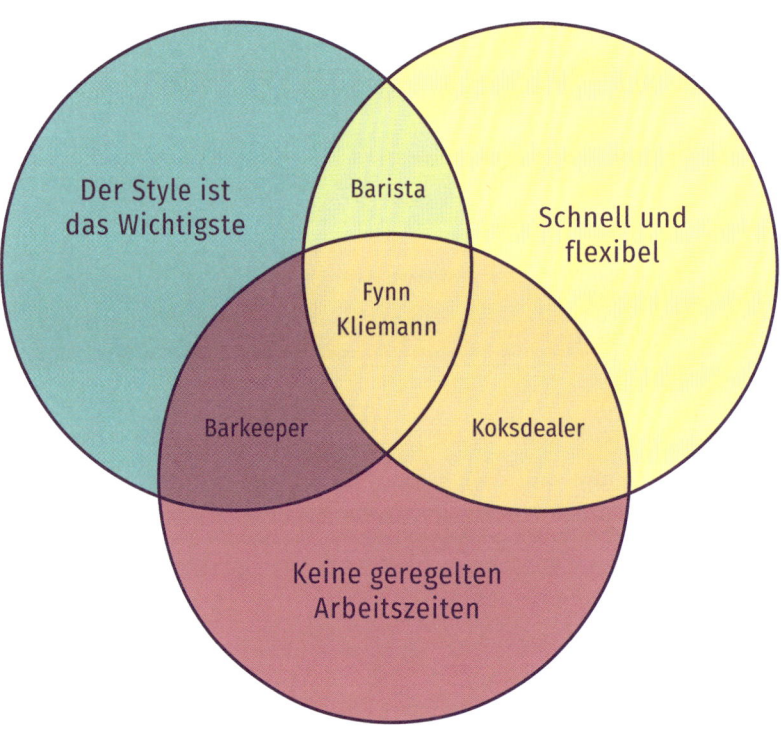

Bonusmaterial

KLEINKIND vs. CEO

✓ Redet nur Quatsch, was von allen drumherum total abgefeiert wird ✓

✓ Verwendet ausgedachte Wörter ✓

✓ Erwartet, dass du alles für ihn stehen und liegen lässt,
nur um zwei Minuten später seine Meinung zu ändern ✓

✓ Kriegt einen Wutanfall, wenn er nicht
durchsetzen kann, was er möchte ✓

✓ Gibt dir immer nur sinnlose Antworten ✓

✓ Steigert sich in die unwichtigsten Sachen rein ✓

✓ Sammelt teures Spielzeug und verliert ganz schnell
wieder das Interesse daran ✓

✓ Unterbricht jede Unterhaltung, um etwas,
das wenig mit dem Thema zu tun hat, einzuwerfen ✓

✓ Freut sich, wenn du Urlaub hast ✗

BELOHNE DICH DAFÜR,

DASS DU

nur den

HALBEN KEKS

gegessen hast.

INDEM DU NOCH

—— DIE ANDERE HÄLFTE ISST. ——

Wie du entspannst, während du dich zu Tode stresst.

„Me Time". Schon mal davon gehört? Ich auch nicht. Existiert nämlich nicht. Trotzdem nehmen wir unterschiedlichste Anstrengungen auf uns, um uns zum Entspannen zu zwingen – auch wenn uns eigentlich schon der bloße Gedanke an die selbst auferlegte Zwangsentspannung unsagbar stresst.

Im Folgenden lernst du einige wundervolle Möglichkeiten kennen, wie du dich entspannen kannst, während du gleichzeitig das tust, was du ohnehin gerade tun sollst: nämlich dir den Kopf zerbrechen, was du stattdessen lieber tun solltest.

Geh zur Akupunktur und verbringe die ganze Sitzung damit, darüber nachzudenken, ob du das theoretisch nicht auch selbst machen könntest.

Das lohnt sich gerade definitiv nicht.

SUPER FÜR:

Wenn ein männlicher Kollege, der nach dir eingestellt wurde, früher befördert wird.

ENTSPANNUNGSIDEE #2

Meditiere und spiele dabei immer wieder die katastrophale Präsentation durch, die du gestern abgeliefert hast.

Warum hab ich die ganze Zeit „eigentlich" gesagt?

SUPER FÜR:

Wenn dein Chef während deiner Präsentation kurz weggenickt ist.

Nimm dir einen Tag frei, um mal aufzutanken, und verbringe ihn damit, deine ganze Wohnung zu putzen (ja, auch die Fenster).

Unglaublich, wie dreckig Steckdosen sein können.

SUPER FÜR:

Wenn dein Kollege bei Twitter verbreitet, warum
Frauen schon aus biologischen Gründen für die meisten
Karrieren gar nicht vorgesehen sind.

Schaukle in Fötusposition hin und her und stelle dir vor, ein Kollege könnte dich so sehen.

Ich erzähl ihm einfach, das sei ne Übung aus meinem Impro-Theaterkurs.

SUPER FÜR:

Wenn ein Kollege dein Meeting torpediert hat und du dich jetzt nicht traust, ein neues Meeting anzusetzen, um endlich zu besprechen, worum es beim ersten Mal eigentlich schon gehen sollte.

Mach es dir auf der Couch gemütlich mit all deinen Kissen, Decken und einer Tasse Kräutertee, die du nie trinken wirst.

Scheiße, der Tee ist schon kalt.

SUPER FÜR:

Wenn dir klar wird, dass du erst mit 90 in Rente gehen kannst, wenn es beruflich so weiterläuft.

Male in einem Mandalas-für-Erwachsene-Buch und stell dir dabei vor, wie erfolgreich du mit Kunst geworden wärst.

SUPER FÜR:

Wenn dein Mentor dich nicht zurückruft.

Gönne dir eine Minute länger unter der Dusche und vergeude sie damit, dich wegen der Wasserverschwendung schlecht zu fühlen.

Es tut mir echt leid, liebe Greta.

SUPER FÜR:

Wenn du die ganze Nacht an einer wichtigen Mail gesessen hast, um sie letztendlich doch nicht abzuschicken.

Koch dir eine Familienportion Nudeln Alfredo und zähle bei jedem Bissen die Kalorien.

562, 662 …

762, 862, 962 …

SUPER FÜR:

Wenn du zufällig ein Abi-Foto von dir gefunden hast und dich fragst, was du eigentlich aus deinem Leben gemacht hast.

Schau dir Videos von Kätzchen an, dann Baby-Igel, dann Kälbchen, dann Welpen, dann noch mal Kätzchen.

SUPER FÜR:

Wenn du gerade sechs Stunden lang deine jüngere, erfolgreichere Kollegin auf Instagram, Facebook und LinkedIn gestalkt hast.

Kündige deinen Job, lass dir die Haare abschneiden, ändere deinen Namen und kauf dir ein One-Way-Ticket nach Costa Rica.

Das krieg ich hin.

SUPER FÜR:

Wenn du keinen Bock mehr hast.

Fazit

Ein Gedanke, der mich tatsächlich ruhiger werden lässt, ist:
Egal für welche Entspannungsmethode ich mich entscheide, all meine
Probleme und Sorgen werden danach immer noch da sein.

ÜBUNG: *TÄGLICHE ENTSCHULDIGUNGSLISTE*

Gibt es ein schöneres Gefühl, als sich ständig für alles
Mögliche zu entschuldigen? Eine Entschuldigung
geht immer. Verwende diese Checkliste, um
herauszufinden, für welche Situationen du dich heute
möglicherweise noch nicht entschuldigt hast.

TÄGLICHE ENTSCHULDIGUNGSLISTE

CHECKLISTE

ES TUT MIR LEID, DASS (ICH) ...

- [ ] zu spät geantwortet habe
- [ ] zu früh geantwortet habe
- [ ] meine Kopfhörer aufhatte
- [ ] unterbrochen wurde
- [ ] den Kuchen angestarrt habe
- [ ] zu leise gesprochen habe
- [ ] überhaupt gesprochen habe
- [ ] über eine Teppichkante gestolpert bin
- [ ] zu viel über mich erzählt habe
- [ ] zu wenig über mich erzählt habe
- [ ] so gerne esse
- [ ] eine Frage gestellt habe
- [ ] in die Irre geführt wurde
- [ ] mir das Essen nicht schmeckt
- [ ] etwas anderes will
- [ ] mir jemand meinen Platz weggenommen hat

- [ ] mich entschuldigt habe
- [ ] für meine Arbeit bezahlt werden möchte
- [ ] angerempelt wurde
- [ ] auf diesem Stuhl sitze
- [ ] Platz einnehme
- [ ] Hilfe brauche
- [ ] Hilfe anbiete
- [ ] meine Schuhe zu laut sind
- [ ] zu schnell gehe
- [ ] zu langsam gehe
- [ ] zu laut schlucke
- [ ] Ahnung von meinem Job habe
- [ ] jemand anderes den Fehler gemacht hat
- [ ] stolz auf mich bin
- [ ] meine Ideen mitteile
- [ ] erfolgreich bin

Bonusmaterial

FREITAG

SONNTAG

Das mache
ich Sonntag
noch fertig.

Bonusmaterial

SONNTAGE

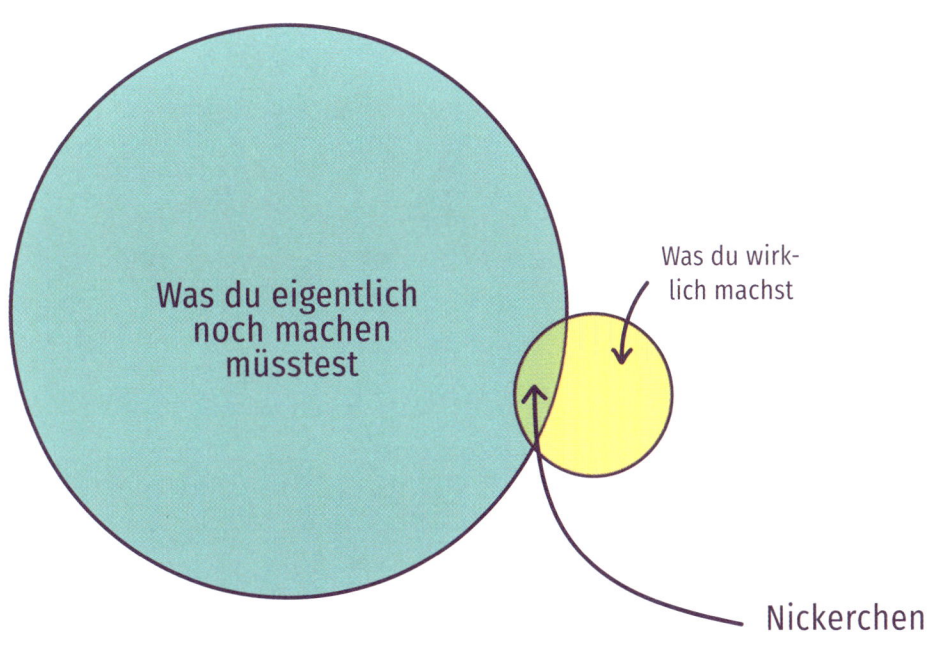

Sei ruhig einschüchternd!

Als ich Männern vom Titel dieses Buches erzählt habe, gab es drei unterschiedliche Reaktionen:

1. Männer, die ernsthaft wegen des Buchtitels beleidigt waren. Die nicht müde wurden zu betonen, wie sexistisch, harsch, konfrontativ und schlichtweg falsch das Ganze sei. Sie fühlten sich persönlich angegriffen. Wie anmaßend von mir zu denken, dass ich mit meinem Buch durch eine männlich-harte, komplett emotionslose Ritterrüstung durchdringen könnte! Solche Männer können und werden sich niemals auch nur im Entferntesten von einer erfolgreichen Frau einschüchtern lassen. Irgendwas anderes zu behaupten, wäre schlichtweg absurd.

An dieser Stelle möchte ich mich aus tiefstem Herzen bei jenen Männern dafür entschuldigen, dass ich auf sie bedrohlich gewirkt habe mit meiner Überlegung, Männer könnten mich als bedrohlich empfinden.

2. Männer, die ebenfalls wirklich verletzt waren, das aber nicht zeigen wollten. Sie wurden plötzlich verdächtig ruhig, wirkten nachdenklich oder wechselten schnell das Thema. Sie wussten schon von vorneherein, dass sie dieses Buch niemals lesen würden. Warum sollten sie auch etwas lesen, das ihre Gefühle derartig verletzt, dass sie sich das nicht mal selbst eingestehen können?

Auch hier: ein dickes Sorry von mir. Ich wollte diesen Männern nicht so aufdringlich ihre unbehagliche Beziehung vor Augen halten, die sie zu einschüchternden Frauen haben.

3. Dann gab es eine dritte Reaktion: Männer, die sich absolut nicht angegriffen fühlten und über den Titel laut lachten. Dem Lachen folgte ein verständnisvolles Nicken. Und nicht nur das – sie wollten das Buch sogar lesen, trotz seines beleidigenden Titels! Ich stelle mir vor, wie sie mein Buch genauso lesen, wie ich all die Bücher, die zwar nicht ausdrücklich für Männer geschrieben sind, aber ganz klar für Männer geschrieben sind.

Auch wenn diese Männer keine Entschuldigung brauchen, möchte ich ihnen sagen, dass es mir leid tut. Schon allein, dass sie es mit Typ 1 und 2 aushalten müssen.

Wisst ihr, was trotzdem das Allerverrückteste ist?

Ich wollte ein Buch für Frauen schreiben, und am Ende war ich nahezu panisch, wie dieses Buch wohl bei Männern ankommen würde.

Ich malte mir alle denkbaren Szenarien aus.

Dank der ganzen imaginären Szenarien, wie imaginäre Männer reagieren könnten, blieb in meinem Kopf wenig Platz für noch was anderes. Was ja ursprünglich der Grund war, warum ich dieses Buch überhaupt schreiben wollte.

Dieses Buch ist nicht für Männer. Und auch der Titel hat wenig damit zu tun, welche Gefühle wir in Männern auslösen. Es geht vielmehr darum, wie wir Frauen uns ständig darum sorgen, wie Männer sich gerade fühlen oder auch nicht fühlen sollen. Als ob das unsere größte Sorge wäre.

Wie wirst du also erfolgreich, ohne die Gefühle von Männern zu verletzen? Gar nicht. Sei einfach erfolgreich, egal, ob dein Erfolg Männer verletzt oder nicht. Das ist echt nicht dein Problem. Sondern ihres.

Vielleicht sind sie selbstsicher, vielleicht sind sie unsicher. Vielleicht sind sie sexistische Arschlöcher, vielleicht auch nicht. Vielleicht werden sie dir irgendwann Steine in deinen beruflichen Weg legen oder haben es längst getan.

Was uns ganz sicher nicht helfen wird, sind noch mehr Regeln, was wir Frauen an uns ändern sollten, um besser klarzukommen.

Weißt du, was uns stattdessen voranbringen wird? Mehr von uns. Und zwar sehr viele mehr. Überall. Also stürz dich ins Abenteuer und sei so einschüchternd, wie du sein willst. Oder eben das Gegenteil davon.

Danke

Ich wollte ein Buch schreiben, das hoffentlich lustig ist, aber manche vielleicht so wütend macht, dass sie es am liebsten quer durch den Raum schleudern würden. Bei diesem schwierigen Unterfangen konnte ich auf die Unterstützung von vielen Menschen zählen.

Zuallererst will ich mich bei meinen Models bedanken, die so viel Realitätsnähe in die unfassbar beknackten Situationen gebracht haben, in die ich sie gezwungen habe: Nikki Chase, Emily Browning, Heather Young, Hilary Hesse, Emily Corbo, Jason Kyle, Allan Lazo, Christian Baxter und Alex Garcia.

Danke an meine Agentin Susan Raihofer, die mir den Rat gab, meinem Bauchgefühl zu vertrauen, als mich schon beim ersten Entwurf die Angst beschlich, das falsche Buch zu schreiben. Danke, dass du immer alles zu Ende denkst, wofür mir die Geduld fehlt; danke, dass du immer ehrlich zu mir bist, und vor allem danke, dass du mir diesen Deal über drei Bücher an Land gezogen hast. Du hast mir das längst zugetraut, als ich selbst noch daran zweifelte.

Danke an meine Lektorin Patty Rice, die bei diesem Buch noch geduldiger war als beim letzten – ich hätte nie gedacht, dass sich das noch steigern lässt. Du hast ein unglaubliches Auge für Details, die mir immer entgehen. Danke auch an Kirsty Melville, die Monate vor mir schon wusste, dass ich mehr Zeit brauchen werde.

Ein großes Dankeschön geht an mein bunt zusammengewürfeltes Team von Erstleser*innen und Betatester*innen: Antonella, Tamara O., Molly S., Amber, Susan, Todd, Karen, Matt, Rob, Tia, Tamara W., Michaela, PeiPei, Beth, Brenda, Tam, Stacy, Irving, Christina, Katie, Ragan, Nicole, Molly J., Cianti, Laura, Wayne, Abla, Joe, Laura und Heather. Dieses Buch würde es ohne euch nicht geben.

Und natürlich danke an Lance und Jennifer Cooper, Rachael Cooper, Charmaine Cooper, Lance und Susie Cooper sowie alle anderen Coopers, die diesen Cooper ermöglicht haben.

Last but not least: danke an meinen Mann Jeff, mein Partner und mein bester Freund. Du bist definitiv einer der Top-20-Menschen, die ich 2012 kennengelernt habe.

Sarah Cooper

AUTORIN

Sarah Cooper ist Schriftstellerin, Comedian, Rednerin und Bestsellerautorin. Sie begann ihre Comedy-Karriere, als sie für Unternehmen wie Yahoo und Google als UX-Designerin arbeitete – dort wurde sie nicht nur mit kostenlosem Mittagessen versorgt, sondern vor allem mit jeder Menge Material für ihre satirischen Betrachtungen zur modernen Arbeitswelt. Sarah ist die Erfinderin des Blogs TheCooperReview.com, der mehr als 100 000 Leser pro Monat anzieht. Ihre Lippensynchronisation von Donald Trump machte sie zum Internetstar, wodurch sie kürzlich sogar ihre eigene Netflix-Show erhielt. Sarah lebt in New York City mit einem Typen namens Jeff.

Anna Dushime

ÜBERSETZERIN

Anna Dushime ist in Ruanda geboren, in Großbritannien zur Schule gegangen, hat im Ruhrgebiet Abitur gemacht und in den Niederlanden studiert. Danach verschlug es sie nach Berlin, wo Stationen bei ResearchGate und BuzzFeed folgten. Seit September 2019 ist sie Redaktionsleiterin bei der Berliner Produktionsfirma Steinberger Silberstein, die u. a. „Browser Ballett" und „Aurel" für funk, ARD und ZDF produziert. Sie ist leidenschaftliche Podcasterin (hart unfair, 1000 erste Dates, Notaufnahme u. v. m.) und beschäftigt sich darin mit den Themen Politik, Popkultur, Dating und Diversität. Ihre taz-Kolumne „Bei aller Liebe" erscheint alle zwei Wochen.

ISBN: 978-3-948230-17-3
1. Ausgabe, 4. Auflage, April 2021
© 2021 Mentor Verlag Berlin
Gedruckt in Europa (BALTO print, Litauen)
auf FSC-Papier

Text: Sarah Cooper
Designerin/Art-Direktorin: Diane Marsh
Cover-Design (u. a.): Dina Rodriguez
Cover-Illustration basiert auf einem Foto von: Scott R. Kline
Übersetzung: Anna Dushime
Lektorat: Dr. Simone Bischoff
Art-Direktorin der dt. Ausgabe: Katharina Konrad (jungrad.design)
Original-ISBN: 978-1-4494-7607-6

„Augenöffnend, brillant und witzig."
Pia Schumacher, Ärztin Charité Berlin

„Sarah Cooper – großartige Feministin und Ikone der
Satire – gelingt es mit unfassbarem Humor, die Absurdität
gesellschaftlicher Erwartungen an Frauen in Worte zu
fassen. Auf dass wir diese absurden Ansprüche und
Erwartungen hinter uns lassen, das Patriarchat ein für alle
Mal stürzen und gemeinsam ein System schaffen,
das Erfolg für alle redefiniert!"
**Kristina Lunz, Mitbegründerin des Centre
for Feminist Foreign Policy**

„Ich bin nur durch das Inhaltsverzeichnis gekommen.
Es tat einfach zu sehr weh."
Ein Mann